养老设施建筑设计全·图·解

Complete Illustrated Manual of Architectural Design for Elderly Care Facilities

高翯　白伟亮　主编

化学工业出版社
·北京·

内容简介

本书全面剖析了我国养老设施建筑的现状与发展趋势，阐述了人口老龄化背景下的养老需求，分析了不同类型长者的服务需求，并介绍了我国养老设施的类型及其发展历程，以及建筑设计规范；深入探讨了养老设施的场地规划及建筑整体设计，包括全过程策划、总体规划、整体布局和建筑风格等关键要素。通过丰富的图解，读者可以直观了解如何根据选址要求、建设规模及功能配比进行场地规划，以及如何通过合理的功能组织、空间布局和建筑风格设计，打造符合长者需求的养老环境。此外，书中还详细讲解了居住空间、公共空间、辅助服务空间以及室外活动空间和景观设计的要点，涵盖了老人居室、护理站、公共起居厅、公共交通空间、公共餐饮空间、医疗康复空间等多个方面。同时，本书还介绍了消防及安全设计，确保养老设施的安全性和无障碍性。最后，书中展望了养老设施建筑的发展趋势，强调了空间类型的多元化、场景与设施的适老化以及智能化、绿色化等应用技术的发展方向。同时，也探讨了养老设施建筑的社会关联性，包括与人的关联性、与周边设施的关联性以及与环境的关联性，为构建更加和谐、宜居的养老环境提供了有益的思路和借鉴。

图书在版编目（CIP）数据

养老设施建筑设计全图解 / 高嵩，白伟亮主编．北京：化学工业出版社，2025. 4. -- ISBN 978-7-122-47322-6

Ⅰ. TU241. 93-64

中国国家版本馆 CIP 数据核字第 20253WS040 号

责任编辑：卢萌萌　　文字编辑：李一凡　王　硕

责任校对：田睿涵　　装帧设计：史利平

出版发行：化学工业出版社

（北京市东城区青年湖南街 13 号　邮政编码 100011）

印　　装：北京瑞禾彩色印刷有限公司

787mm×1092mm　1/16　印张 11　字数 227 千字

2025 年 11 月北京第 1 版第 1 次印刷

购书咨询：010-64518888　　售后服务：010-64518899

网　　址：http：//www.cip.com.cn

凡购买本书，如有缺损质量问题，本社销售中心负责调换。

定　　价：98.00 元

《养老设施建筑设计全图解》编委会

主　编：高　翯　白伟亮

参编人员：

高　翯　白伟亮　陈皓帆　陈　霞
孙建坤　张丹冠　陈建霞　王　超
邱　瑾　徐　源　李沛馨　汪丹丹
赵　越　芦晓峰　韩　涵　梁　伟
杨丽晓

前言

目前，世界正处于前所未有的老龄化进程中，据联合国数据，从1950年到2000年的50年里，全球老年（60岁以上）人口从2亿增长到6亿，平均每年增长约2%。预计到2050年老年人口将达到20亿，全球平均每5个人中将有1位是老年人。我国是世界上老年人口数量最多的国家，随着我国人口老龄化进程的加快，养老服务需求日益多样化，养老设施的建设与规划已成为国家发展战略的重要组成部分。党的十九届五中全会明确提出“实施积极应对人口老龄化国家战略”，并在“十四五”规划中强调完善养老服务体系，推动养老事业与养老产业协同发展。国家层面相继出台了多项政策，如《“十四五”国家老龄事业发展和养老服务体系规划》《智慧健康养老产业发展行动计划（2021—2025年）》等，旨在构建居家、社区、机构养老相协调，医养、康养相结合的服务体系。

本书立足于这一国家战略和行业背景，系统梳理了我国养老设施建筑的现状、设计规范和发展历程，同时深入分析了不同养老模式及其设施特点，旨在为适老化设计与规划提供科学指导，助力推动养老服务质量全面提升。书中还针对当前养老设施建设中存在的问题，如医养结合不紧密、设施资源不均衡、适老化设计不充足等，提出了解决对策。这一研究将进一步助力国家完善养老服务体系，为实现“老有所养、老有所依、老有所乐、老有所安”的目标奠定理论基础。

本书致力于系统分析我国养老设施建筑的现状、需求与设计策略，以期为快速老龄化社会中的养老设施建设提供参考与指导。随着我国老年人口数量持续增长，养老服务的需求结构也愈加复杂，从基础生活照护到心理支持、医疗护理等多层次需求不断提升。本书首先剖析了我国当前的人口老龄化现状及其对养老服务体系的深远影响，并指出：家庭结构的小型化、护理需求的增长以及独居老年人的增多，使得居家养老、社区养老和机构养老三种模式的需求愈加突出。在具体的养老模式设计方面，本书探讨了三种养老模式：居家养老模式强调老年人在熟悉环境中生活的安全感与心理舒适感，但需社区及医疗资源的支持；社区养老依托于日间照料中心和养老驿站，能够满足独居或半失能老年人的日常生活需求；而机构养老则适用于需要较高护理水平的失能或高龄老年人，其设施设计重点在于无障碍、安全保障及医疗护理的便捷性。

在设计要点上，本书特别强调了适老化设计的必要性。老年人生活空间的设计需结合马斯洛需求层次理论，从生理、安全、社交、尊重、自我实现五个层次满足老年人需求。本书提出，无论是居家空间、社区公共空间还是机构养老设施，在设计上均应考虑无障碍设计、隐私保护、心理支持等多方面因素。适老化设计要求通过合理布局功能空间、设置安全扶手、增加无障碍通道等措施，为老年人提供便利、安全的生活环境。

此外，书中深入分析了养老建筑的细分类型，包括自理型、日间照料型和全日照料型三类，并列举了实际项目案例，展示了如何在建筑空间中合理配置服务设施以满足老年人个性化需求。随着养老服务内容的多样化发展，养老设施的功能设置和运营模式也逐步复杂化。本书从实际运营角度出发，对不同设施的布局与功能分区提出了建议，为行业提供了实操性较强的指导。

面对未来，书中还探讨了养老设施设计的新发展趋势，如医养结合模式的推广、智慧养老技术的引入及卫生防疫设计的优化。随着防疫意识的提高，养老建筑中逐渐引入隔离区设计和健康防护设施，提升了老年人生活环境的安全性与保障性。同时，随着智慧养老概念的普及，物联网、人工智能等新技术逐渐应用于养老建筑，优化了老年人的生活体验与护理质量。

总体而言，本书不仅从理论层面对我国养老设施的发展进行了分析，还从实际案例中总结经验，提出了适合不同老年群体的设计方案。希望本书对养老设施建设、设计及运营的系统性研究，能够为养老产业的从业者、设计师和政策制定者提供全面而深入的参考，助力我国养老事业的可持续发展。本书的写作和出版得到了各界友人的大力支持，如国投健康产业投资有限公司芦晓峰与我们分享了实践经验，另外，本书中一些图纸和照片也来自与我院长期合作的企业，在此一并表示衷心的感谢。

由于笔者水平与时间所限，书中不足之处在所难免，敬请广大读者批评指正。

高翯

于中国电子工程设计院股份有限公司

2025 年 5 月 30 日

目录

第 1 章
我国养老设施建筑整体情况 1

1.1 人口老龄化下的养老需求 /2
1.1.1 人口老龄化现状及趋势 /2
1.1.2 养老服务现状及问题 /2
1.1.3 养老需求 /3
1.2 服务对象及其需求 /4
1.2.1 活力型长者需求 /4
1.2.2 失智长者需求 /4
1.2.3 失能长者需求 /5
1.3 养老设施类型 /5
1.3.1 自理型养老设施 /6
1.3.2 日间照料型养老设施 /7
1.3.3 全日照料型养老设施 /7
1.4 养老设施建筑发展历程与现存问题 /8
1.4.1 发展历程四阶段 /8
1.4.2 养老设施建筑现存问题 /11
1.5 我国养老设施建筑设计规范 /12
1.5.1 通用养老标准 /12
1.5.2 机构养老标准 /13
1.5.3 社区养老标准 /14
1.5.4 居家养老标准 /15

第 2 章
场地规划及建筑整体设计 17

2.1 全过程策划 /18
2.1.1 全过程策划概述 /18
2.1.2 策划内容要点 /20
2.1.3 调研内容及要点 /24
2.2 总体规划 /27
2.2.1 选址要求及评估 /27

2.2.2 建设规模及功能配比 /28
2.2.3 场地规划及设计 /32
2.3 整体布局 /35
2.3.1 功能组织关系 /36
2.3.2 空间布局设计 /37
2.3.3 平面布局设计 /38
2.4 建筑风格 /40
2.4.1 新中式风格 /41
2.4.2 现代风格 /43

第 3 章
居住空间设计 47

3.1 老年人居室 /49
3.1.1 面宽选择 /49
3.1.2 模块设计要点 /50
3.1.3 模块迭代设计 /57
3.2 护理站 /59
3.2.1 模块分类 /59
3.2.2 模块设计要点 /59
3.3 公共起居室 /61
3.3.1 模块分类 /61
3.3.2 模块设计要点 /62

第 4 章
公共空间设计 65

4.1 公共交通空间 /67
4.1.1 门厅 /67
4.1.2 公共走廊 /70
4.1.3 楼梯与电梯 /72
4.2 公共餐饮空间 /75
4.2.1 平面布局 /75
4.2.2 流线设计 /77
4.2.3 空间尺度设计 /77
4.3 公共活动空间 /78

4.3.1 多功能厅 /81
4.3.2 公共娱乐空间 /81
4.3.3 公共健身空间 /83
4.4 医疗康复空间 /83
4.4.1 医务室 /83
4.4.2 康复空间 /85

第 5 章
辅助服务空间设计 87

5.1 综合服务站 /89
5.2 行政管理用房 /93
5.3 厨房 /94
5.4 洗衣晾晒空间 /100
5.5 其他辅助空间 /101
5.5.1 污物间 /101
5.5.2 储藏空间 /101

第 6 章
室外活动场地及景观设计 105

6.1 室外活动场地设计 /106
6.1.1 场地交通组织设计 /106
6.1.2 场地步行系统无障碍设计 /109
6.1.3 室外庭院设计 /111
6.1.4 室外中庭设计 /114
6.1.5 屋顶花园设计 /116
6.2 景观设计 /119
6.2.1 设计原则 /119
6.2.2 景观小品设计 /120
6.2.3 景观植物设计 /123
6.2.4 景观照明设计 /126

第 7 章
消防及安全设计 131

7.1 安全疏散和避难空间 /133
7.1.1 房间疏散门 /133
7.1.2 疏散走道 /133
7.1.3 楼梯与电梯 /134
7.1.4 避难间 /135
7.2 安全设计 /138
7.2.1 无障碍设计 /138
7.2.2 紧急救护 /142
7.2.3 安全防护 /143
7.2.4 卫生防护 /144

第 8 章
养老设施建筑发展趋势 147

8.1 养老设施建筑空间发展趋势 /148
8.1.1 空间类型的“多元化” /148
8.1.2 空间环境营造与情感关怀 /148
8.1.3 场景与设施的“适老化” /151
8.2 养老设施应用技术研究的发展趋势 /153
8.2.1 智能化 /153
8.2.2 绿色化 /155
8.3 养老设施的社会关联性 /158
8.3.1 与人的关联性 /158
8.3.2 与周边设施的关联性 /159
8.3.3 与环境的关联性 /162

参考文献 166

第1章

我国养老设施建筑整体情况

CHAPTER 1

1.1 人口老龄化下的养老需求

1.1.1 人口老龄化现状及趋势

人口老龄化是指老年人口占总人口的比重日益提高的现象。按照国际标准，一个国家或社会中 60 岁以上的老年人口占总人口的比重大于 10%，就称其为老龄化国家或社会。目前世界正处于一个前所未有的老龄化进程中。据联合国数据，从 1950 年到 2000 年的 50 年里，全球老年（60 岁以上）人口从 2 亿增长到 6 亿，平均每年增长约 2 个百分点。预计到 2050 年老年人口将达到 20 亿，全球平均每 5 个人中将有 1 位是老年人。

我国是世界上老年人口数量最多的国家。根据国家统计局数据，截至 2023 年底，全国 60 岁以上人口约 2.9 亿，占全国人口的 21.1%。预计 2035 年左右，60 岁以上老年人口将突破 4 亿，在总人口中的占比将超过 30%；2050 年左右，全国 60 岁以上人口总数将接近 5 亿，在总人口中的占比将提升至 36.5%。

目前，我国人口老龄化的原因之一是新中国成立后“婴儿潮”（1962—1972 年）时期出生的人已步入老年，导致老年人口增加；老龄化的另一个重要原因是生育率持续下降，独生子女增多，这使得多个子女赡养四位老人的传统家庭模式发生了改变，四个老人、一对夫妻、一个孩子的“421 家庭”开始增多。作为中间层的父母，将逐渐转变传统由子女赡养的养老观念，社会养老将成为养老方式的重要补充。

人口比例的失衡，家庭结构的小型化，独居老年人、失能老年人、需要长期护理的老年人数量迅速增长，这些变化使我国老年人在生活方式、代际关系、社区服务以及养老方式和居住环境等方面的需求随之产生了变化，也暴露出了更多的问题。

1.1.2 养老服务现状及问题

人口老龄化使得我国的养老服务需求量增大，同时家庭结构的小型化也使得养老服务的类型多元化、服务辐射范围扩大化。目前主流的养老方式主要分为居家养老、社区养老和机构养老三种类型，三种类型的养老方式对应的服务内容和服务辐射范围不同。

居家养老模式使老年人能够继续留在熟悉的环境中，无疑在舒适度、生活习惯、隐私保护方面有先天优势，而且符合老年人不愿离家的心理；社区养老主要通过日间照料中心、养老驿站等建立在小区内的设施提供服务，老人容易适应，子女可以随时接老人回家；机构养老最显著的优势在于安全性较高，大部分养老机构配有专门的护理人员，提供不同等级的护理服务。对于高龄、失能、独居老人，机构养老不失为更好的选择。

老年人根据自身的身体状况选择养老方式。健康状况较好的老人，超过一半会选择居家养老，并伴有明显旅居意愿；对于半失能阶段的老人，居家养老仍然是主流选择，但需要社区养老和机构养老提供服务支持的比例有所提高；失能失智阶段的老人则会以机构养老为主。

三种主要的养老方式普遍存在着医疗资源不充足、社区和机构的经营困难等问题，整个养老服务行业更是存在人才培养体系不完善、人才缺口大的问题。

（1）医养结合不紧密

医疗是养老过程中非常重要的环节。2015 年 11 月，国务院办公厅转发民政部等九部委《关于推进医疗卫生与养老服务相结合的指导意见》，其中明确指出要健全医疗机构与养老机构的合作机制，推动医疗服务延伸至社区和家庭，鼓励医疗机构与养老服务融合发展等重点工作方向。

在养老服务中将“医疗资源”和“养老资源”进行整合可以实现社会资源利用的最大化。医养结合在我国具有 3 种典型的存在形式，分别为养老设施独立设置医疗机构、养老设施配套设置医疗分支机构、养老中心和附近医疗机构签订协议实现转诊。

中国的社区居家养老服务站的覆盖率已经达到较高的水平，但在医疗资源和养老资源的结合上存在明显的短板。很多社区卫生服务站没有承担起为社区老年人提供日常的寻医问药服务的责任。

（2）养老机构经营困难

专业的养老机构普遍存在经营困难的问题，这与高额的企业投资成本、漫长的回报周期、客户“未富先老”都有密不可分的关系。

除去资金原因，养老机构的运营本身也比较复杂。例如现存的养老设施内，一般按照老年人的独立生活能力进行居住分区，然而老年人的病程存在较高的不确定性，经过一段时间，一个分区内老年人也会渐渐出现不同的护理需求，老年人本身又不喜欢频繁变动住所，这使得养老机构的服务运营难上加难。

（3）养老服务人才缺失

养老服务存在区域发展不平衡的现象，专业养老医疗护理人才短缺。同时，由于养老行业的特殊性以及工作压力、强度较大，吸引和留住优秀人才相对困难。

行业内缺乏系统性的专业培训。以法国为例，居家养老服务中的生活助手、家庭护工等职业分别需要进行为期 504h、1435h 的专业培训，并被列入国家专业文凭认证目录，可获得国家认证。在这一点上，国内的培训体系还不完善。

1.1.3 养老需求

1943 年，美国心理学家亚伯拉罕 • 马斯洛在《人类激励理论》中首次提出了马斯洛需求层次理论。马斯洛将人类需求比喻为阶梯，从低到高分为五个层次，分别为生理需求、安全需求、社交需求、尊重需求和自我实现需求。将马斯洛需求层次理论与老年人需求相结合，可以比较直观地反映当代老年人从低到高的需求层次。

① 生理需求：拥有健康的身体是老年人从事一切活动的基础，而影响老年人身体健康的因素有很多，比如水质、气候、交通、居室环境和生活习惯等，因此，仅关注老年人最基本的日常饮食是远远不够的，健康合理的养老设施环境才是满足生理需求的基础。

② 安全需求：对于老年人而言，人身安全、稳定的生活、免遭痛苦或疾病威胁以及精神心理健康等方面，都属于安全需求的范畴。

③ 社交需求：人是一切社会关系的总和。老年人在退休之后，有大量的时间与精力投入到社会活动中，而社交带来的愉悦对其晚年生活也具有不可替代的作用。

④ 尊重需求：随着年龄的增长，老年人的劳动能力逐渐下降，社交圈子不断缩小，内心容易产生孤独感，因此老年人更加需要得到社会的尊重和关注。不论老年人处于社区还是家庭当中，都希望自己是一个有尊严的个体，不被当作完全的依赖者，即使意识到自身会受到生理等因素的限制，也依然希望找到自己存在的价值。

⑤ 自我实现需求：脱离了工作环境的支撑，很多老年人会觉得自我价值的实现失去了平台。保持适应社会的能力，利用自己多年的积累继续发挥余热，这样的正向能量对晚年生活起着非常重要的调节作用。

综上所述，面对老年人五个层级的不同需求，养老设施通常需要为老年人提供健康舒适的环境、科学合理的设计以及供老年人社交、培养兴趣爱好的场所。

1.2 服务对象及其需求

1.2.1 活力型长者需求

活力型长者的各项生理机能通常较为健康，年龄集中在 60 ～ 75 岁之间。中国老龄协会《需求侧视角下老年人消费及需求意愿研究报告》第四次抽样调查的数据显示，有自理能力的老年人日常生活照料需求率仅为 10.18%。在养老服务项目中，需求量最大的是上门看病服务，占比 38.08%，因此前文提到的医养结合型服务，是活力型长者最核心的需求。

1.2.2 失智长者需求

失智症也称阿尔茨海默病，是一种进行性发展的神经系统退行性疾病，会对患者的认知和日常生活能力造成严重影响，多见于老年人群体。由于患者的记忆力和认知能力受损，他们可能需要照护人员协助完成日常生活中的基本任务，如进食、穿衣、洗漱、如厕等。在这方面，提供持续的监护和支持是必要的。失智症患者通常会带病生活十余年，而在很长时间内他们能够在更少的帮助下，运用身体机能，享受生活，甚至是学习新鲜事物。因此，失智长者更需要的是安全、无障碍的环境，以及完善的监测设备和安全预防措施，而非单纯地被当作完全依赖者受到全方位护理服务。

1.2.3 失能长者需求

失能长者是指有其他身体、感官或认知能力缺陷的老人，包括孤独症、精神疾病、智力迟钝、躁郁症、糖尿病、艾滋病甚至是轻度感冒、膝盖扭伤等患者。养老设施针对老年人生理机能的不同特性，进行适老化设计，是提供护理服务的基础。表 1-1 针对老年人的生理机能特征，总结了居住环境中存在的常见问题。

表 1-1　老年人生理机能特征与居住环境中的常见问题

老年人生理机能特征		居住环境中的常见问题
肢体灵活性降低，动作幅度减小	抬腿、弯腰、下蹲等动作困难	上下楼梯费力；易被低矮高差绊倒；如厕、穿鞋等动作困难；使用蹲式便器时吃力
	肢体伸展困难	对位置过高或过低的物品取用困难
肌肉力量下降	握力、旋转力、拉力等减弱	使用沉重的推拉门窗较为困难；球形把手旋转困难
	上肢、下肢肌肉力量下降	上肢抬举重物时易发生危险；下肢支撑能力弱，在大空间中无处扶靠时，行走较为困难
	关节灵活性下降	搬动大而重的东西容易扭伤
骨骼弹性和韧性降低	腰椎、颈椎易受伤、疼痛	过软的沙发、床会造成起身困难，取物、够物困难
	踝部、腕部、髋部易骨折	跌倒后极易发生骨折，容易引发其他并发症，且恢复慢
听觉退化或敏感	听不清或听不见	门铃声、报警声太小时听不见，发声位置距离较远时听不清
	对声音较为敏感	休息时易受噪声干扰
视觉退化或敏感	看不清或看不见	地面铺装的纹理容易导致眩晕；标识如果颜色相近可能看不清
	对光较为敏感	室内眩光可能导致行动不便，眼睛受刺激产生不适
免疫机能变化	对温度、湿度变化敏感	害怕没有阳光和自然通风，不能忍受空调冷风直吹，不能适应冷热突变的环境
	易生病或患慢性疾病，且不易好转	不适应潮湿、阴冷、通风效果不好、光线不好的居住环境

1.3 养老设施类型

截至 2023 年年末，全国共有各类养老机构和设施 40.4 万个，养老床位合计 823 万张，每千名老年人拥有的养老床位数为27.7张。养老服务设施的覆盖率已经达到较高的水平。由于各类设施名称繁杂，我们将养老设施的类型按照老年人是否需要人为照顾分为自理型和护理型，再按照是否提供住宿服务将护理型分为日间照料型和全日照料型。

1.3.1 自理型养老设施

老人的身体、精神条件尚好，不需要家人和专业护理人员进行日常生活的照料时，可以选择居家养老、老年人公寓、旅居养老等方式，这类居住设施需要进行适合老人生活需求的改造，为老人日常行为提供安全、便捷的保障（图1-1～图1-3）。

图1-1 自理型养老项目案例1（椿萱茂和园）

图1-2 自理型养老项目案例2（泰康之家燕园）

图1-3 自理型养老项目案例3（万科随园）

1.3.2　日间照料型养老设施

对于白天上班时间无暇照顾、晚上可以照看老人的家庭，可以选择老年人日间照料设施，这类设施包括托老所、日托站、老年人日间照料室、老年人日间照料中心等。

参考《社区老年人日间照料中心建设标准》(建标 143—2010) 可知，其具体的服务项目通常包括膳食供应、个人照顾、保健康复、娱乐和交通接送等日间服务。日间照料设施既可以是独立建设和运营的设施，也可以是老年人全日照料设施的组成部分(图 1-4)。

图 1-4　日间照料型养老项目案例（乐龄八角北里社区养老服务驿站）

1.3.3　全日照料型养老设施

如果家里的老年人需要全天 24 小时养老或者护理服务，可以选择老年人全日照料设施，这类设施包括养老院、老人院、福利院、敬老院、老年养护院等，为老年人提供住宿、生活照料服务及其他服务项目。(图 1-5)

图 1-5　全日照料型养老项目案例（“首开寸草”亚运村养老院）

小贴士

如何判断项目适合做护理型还是自理型?

护理型项目，在经营上要求单人有效服务面积尽量大，以降低人力成本，出床尽量多，以增加经营效益。因此对于物业的形态要求，一般都是扁长的矩形低矮建筑（少于 6 层），单层面积必须要大（但是进深不可过深，一般 < 22m），这样才有利于管理。为了保证有效出床率，建筑的朝向应以南北朝向为主，临窗面要长。如果项目的单层面积小，楼层高，就倾向于做自理型。

市场中已建成物业多为几种形态：工业厂房型、酒店及写字楼型、裙楼商业 + 塔楼办公型。其中，工业厂房型适合偏护理的定位；酒店及写字楼型适合偏自理的定位；裙楼商业 + 塔楼办公型适合护理 + 自理的综合型定位。

护理型养老设施需要满足特定的消防要求来获取营业执照，因此改造类项目要考察现有建筑的条件是否符合消防要求，或是否有条件改造以满足消防要求，否则只能考虑经营自理型养老设施。

1.4 养老设施建筑发展历程与现存问题

1.4.1 发展历程四阶段

中国养老设施建筑的发展历程是与国家政策、经济发展、人口老龄化以及社会需求紧密相连的，可将我国养老设施建筑的发展历程大致划分为以下四个阶段。

（1）养老设施建筑孕育阶段（1949—1986 年）

1949 年建国之初，老龄化问题并未出现，因此养老设施建筑只是缓慢发展。类似于德国在 20 世纪 40 年代的情况，养老设施主要基于计划经济的背景，重点解决部分困境老年人的社会照护问题。政府开办的福利性养老机构为“五保”[1]、孤寡对象以及优抚对象提供生活照护型养老服务，将城市中的“三无”老人[2]和“五保”老人作为救助对象，收养在福利院中，并未建立专门的养老建筑，养老方式主要还是以家庭养老为主。城市养老设施最初是生产教养院，后更名为养老院、敬老院。农村服务设施则是敬老院。1956 年，中国第一个敬老院在黑龙江省拜泉县兴华乡诞生。养老服务设施在这个阶段开始发

[1] “五保”指保吃、保穿、保住、保医、保葬或保教。

[2] “三无”老人是指没有劳动能力、没有收入来源、没有法定赡养人或扶养人的老年人。

展，但数量有限，设施简陋，目标主要集中于解决基本的生活照护需求。

（2）老年人居住环境与养老模式探索阶段（1987—2000 年）

这一时期，计划生育的有效实施和我国经济水平的不断增长，直接导致了出生率降低，老年人口不断攀升，我国处于即将进入人口老龄化社会的阶段。随着市场经济的引入，虽然在这个阶段尚未形成完善的养老政策和法规体系，但已有一些标志性事件，如 1996 年 8 月 29 日由第八届全国人民代表大会常务委员会第二十一次会议通过了第一部老年法《中华人民共和国老年人权益保障法》，为后续我国养老模式的发展奠定了基础。

在住房方面，新中国成立之后我国在很长一段时间实行福利住房分配制度，居民住房由国家统一分配，虽然为大多数城市居民提供了基本的住房保障，但在空间环境上存在着住房质量差、人均面积小、住房短缺、缺少无障碍辅助设备等问题，只解决了生存问题，忽视了居住者深层次的需求，无法满足老年人及其家庭成员的生活需求。随着 1998 年国务院发布《关于进一步深化城镇住房制度改革加快住房建设的通知》，城镇住房制度改革，停止了福利住房的分配制度，国内房地产市场开始逐步繁荣，国内出现了大量的商品住宅小区建设，老年住宅的相关研究等才发展起来。这一时期由于缺乏对老龄化及养老设施建筑的认识，我国养老设施建筑的研究处于初步的探索阶段，养老设施建筑研究主题呈现出一定的集中性和概括性，并且大多数研究仅基于老年人的生理及心理需求。

20 世纪 90 年代末开始，中国迎来从成年型社会步入老年型社会的转折点，养老设施建筑设计开始遵循特定的标准。人口老龄化较为严重的几个城市如上海、杭州等出台地方规定，例如上海 1996 年制定的《城市居住区公共服务设施设置规定》[沪建建（1996）第 1013 号] 在城市居住区的公共配套用房的内容中增加了老年人设施的建设，完善了社区老年人设施的相关规划。1999 年《老年人建筑设计规范》（JGJ 122—99）施行，这是我国第一部与养老设施建筑相关的行业规范，填补了我国工程建设标准在这一领域的空白。该规范覆盖了所有与老年人相关的建筑（包括老年人居住建筑和公共建筑），适用范围较广，解决了最基本和普遍的设计需求。

（3）养老设施建筑体系起步与发展阶段（2001—2010 年）

从《中国老龄事业发展“十五”计划纲要》到《中国老龄事业发展“十一五”规划》的提出，我国逐步确立了以居家养老为基础、社区服务为依托、机构养老为补充的老年人社会福利服务体系。2000 年至 2004 年，我国处于刚刚进入老龄化社会的阶段，居家养老和家庭养老仍然是老年人养老方式的首选，这个阶段关于老年人居住环境的优化、老年住宅、老年公寓、老年社区的相关研究仍是热点。2003 年，国家发布《老年人居住建筑设计标准》（GB/T 50340—2003），适用于老年人住宅、老年人公寓及养老院、护理院、托老所等多类养老设施建筑。这些建筑也正是养老设施建筑中最为大量和主要的类型，需要给予相应的技术要求和依据，以及时满足老龄化社会发展的需要。而同一时期修订的《住宅设计规范》[GB 50096—1999（2003 年版）] 中亦提出，住宅设计“根据需要应满足老年人、残疾人的特殊使用要求”。由此可以看出，对于普通住宅的适老需求已逐步在国家标准中显现。

2008 年，《关于全面推进居家养老服务工作的意见》指出居家老年人的养老需求是我国大多数老年人的养老需求，强调了社区养老设施提供居家养老服务的重要性。2005—2010 年，除了对老年人居住环境和老年人居住建筑的关注外，对社会养老设施的相关研究也逐渐发展起来。但是从 2000 年至 2010 年整个时期的研究重点来说，建筑学学者研究的主题主要还是居家养老、老年公寓、老年住宅、老年社区等老年人居住建筑，关于养老机构等社会养老设施的研究处于萌芽阶段，研究的数量相对较少，并且主要围绕需求、现状等基础调查研究。

（4）养老设施建筑体系基本建立与优化阶段（2011 年至今）

2011 年，国务院发布《社会养老服务体系建设规划（2011—2015 年）》，明确提出我国养老服务体系应当由居家养老、社区养老和机构养老三部分组成，尤其强调了社区养老服务的重要地位。近十年来，我国老年人口快速增长，养老政策密集出台，养老产业蓬勃发展；建设了大量的养老建筑，形成了“9073”的养老服务格局，即 90% 的老年人居家养老，7% 享受社区养老服务，3% 享受机构养老服务。为应对人口老龄化现象，国家通过政策定调，在党的十九届五中全会提出“实施积极应对人口老龄化国家战略”。此后，国家陆续出台一系列政策鼓励“银发经济”发展。2021 年 3 月，《中华人民共和国国民经济和社会发展第十四个五年规划和 2035 年远景目标纲要》提出推动养老事业和养老产业协同发展。养老事业指政府提供公共服务、基础设施、公共物品，是公众性福利；养老产业指营利性且满足老年人物质文化生活的养老服务和产品。养老事业为老年人提供基础性兜底服务，而养老产业则顺应消费升级趋势，满足个性化、高品质养老需求。此外，2023 年《政府工作报告》提出，积极应对人口老龄化，发展社区和居家养老服务，切实推动老龄事业和养老产业发展（表 1-2）。

表 1-2 中国养老产业行业相关政策

时间	部门	政策	主要内容
2021 年 3 月	中共中央	《中华人民共和国国民经济和社会发展第十四个五年规划和 2035 年远景目标纲要》	推动养老事业和养老产业协同发展，完善养老服务体系，构建居家社区机构相协调、医养康养相结合的养老服务体系
2021 年 6 月	国家发展改革委、民政部、国家卫生健康委	《“十四五”积极应对人口老龄化工程和托育建设实施方案》（发改社会〔2021〕895 号）	到 2025 年，进一步改善养老服务基础设施条件，推动设施规范化、标准化建设，增强兜底保障能力，增加普惠性服务供给，提升养老服务水平，逐步构建居家社区机构相协调、医养康养相结合的养老服务体系

续表

时间	部门	政策	主要内容
2021 年 10 月	工业和信息化部、民政部、国家卫生健康委	《智慧健康养老产业发展行动计划（2021—2025 年）》（工信部联电子〔2021〕154 号）	将养老产业融合应用物联网、大数据、云计算、人工智能等新一代信息技术，促进智慧健康养老产业发展
2021 年 11 月	中共中央、国务院	《中共中央　国务院关于加强新时代老龄工作的意见》	通过健全养老服务体系、完善老年人健康支撑体系、促进老年人社会参与、着力构建老年友好型社会等手段，实施积极应对人口老龄化国家战略，提升广大老年人的获得感、幸福感、安全感
2021 年 12 月	国务院	《“十四五”国家老龄事业发展和养老服务体系规划》（国发〔2021〕35 号）	完善老龄政策法规体系和养老服务体系，加强多元化社会保障，健全健康支撑体系，加快老龄事业和产业发展
2023 年 3 月	国务院	2023 年《政府工作报告》	加强养老服务保障，保障老年人合法权益

1.4.2　养老设施建筑现存问题

（1）设施规模差距大，无法满足服务要求的现象突出

《北京市养老设施建筑环境分析》中的调研结果显示，有三成养老照料中心的面积在 500m^2 以内，501 ～ 1000m^2 的占两成，床均建筑面积为 34.3m^2/ 床，不满足目前国际养老行业公认的 35 ～ 40m^2/ 床的要求。与之相比，社区养老服务驿站的建筑规模则更小，其承载的日间照料、呼叫服务、助餐服务、文化娱乐等诸多功能受到限制，严重制约了服务的内容和品质。

（2）部分设施用房空间形式不适用

社区服务养老设施多由既有建筑改建而成（即既改类设施），改造前的建筑类型以社会福利用房、商业用房为主。在结构形式上，近六成设施用房为砖混或剪力墙结构，使得大部分房间的分隔墙多，开间小，走廊式布局较多，造成功能空间的设置转换不够灵活，视线也不够通透。

（3）无障碍缺项和错误较多

调查显示，现有既改类设施中出入口处没有无障碍坡道的占 34.7%，出入口有坡道的设施中有 5.6% 的坡道过陡，轮椅人士无法使用；二层以上没有无障碍电梯的占 7.1%；室内通行地面材料不防滑的占 15.3%；卫生间中缺少扶手等辅具的占 5.6%，已经安装了扶手等辅具的设施中有 38.9% 存在错装扶手的问题。导致现有既改类设施存在无障碍缺项和错误的原因不仅是设计不专业，也有受到原有用房用地条件制约导致的改造困难，比如：出入口距离马路过近，没有空间修建满足规范要求的无障碍坡道；走廊和门洞宽度较窄，难以满足轮椅通行和回转的要求；卫生间空间狭小或地面存在难以消除的较大高差；墙面为轻质材料，无法安装扶手。

（4）缺少隔离区和日常卫生防疫设计

在新冠疫情中，老年人群体的生活和生命健康都遭受了极大的挑战，一方面是由于老年人作为高危易感人群，对于流行病的抵抗能力较差；另一方面，家庭成员中若有感染者，那么照护老年人的日常工作就无法正常进行。因此，后疫情时代，在养老设施建筑中增设隔离区、在居家环境中进行卫生防疫设计（图 1-6），将成为养老领域新的热点。

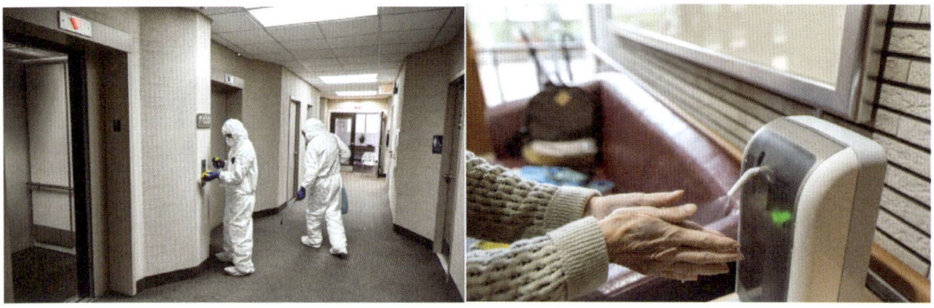

图 1-6　防疫隔离区、卫生设施

1.5　我国养老设施建筑设计规范

随着我国进入老龄化社会，对养老建筑的需求日益增长，这促使相关标准的制定和完善成为迫切需求。现行标准已对我国现有的大部分养老服务设施的规划设计做出指引，这些设施覆盖了全龄段各类别的老年人群体，旨在确保养老设施能够满足老年人的生理和心理需求，提供安全、舒适、便利的居住环境，并促进老年人的社交和身心健康。按照相关标准，养老方式分为机构养老、社区养老、居家养老及通用养老四类，本节收集整理了现行的 2 个国家标准、7 个行业标准、15 个地方标准、2 个团体标准。

1.5.1　通用养老标准

通用养老标准适用于养老院、老年日间照料中心等多种类型的养老建筑，内容涵盖基地与总平面设计、建筑设计、无障碍设计、环境适应性等多个方面的建设要求，以确保养老建筑既安全又舒适，适应老年人的身体条件和生活习惯，见表 1-3。

表 1-3　通用养老相关标准汇总

标准名称	编号	适用范围	适用地区
《无障碍设计规范》	GB 50763—2012	本规范适用于全国城市新建、改建和扩建的城市道路、城市广场、城市绿地、居住区、居住建筑、公共建筑及历史文物保护建筑等。本规范未涉及的城市道路、城市广场、城市绿地、建筑类型或有无障碍需求的设计，宜按本规范中相似类型的要求执行。农村道路及公共服务设施宜按本规范执行	全国
《城镇老年人设施规划规范》	GB 50437—2007	本规范适用于城镇老年人设施的新建、扩建或改建的规划	全国
《老年人照料设施建筑设计标准》	JGJ 450—2018	本标准适用于新建、改建和扩建的设计总床位数或老年人总数不少于 20 床（人）的老年人照料设施建筑设计	全国
《健康养老建筑技术规程》	T/CECS 1110—2022	本规程适用于新建、改建和扩建健康养老建筑的策划、设计、施工和运营	全国
《养老设施建筑设计标准》	DG/TJ 08—82—2020	本标准适用于本市新建的养老机构、老年人社区托养服务设施等养老设施建筑。其他建筑改造为养老设施建筑，或者既有养老设施建筑实施改、扩建，在技术条件相同时可适用。为社区老年人提供医疗卫生、文化娱乐或者综合性为老服务的设施，在技术条件相同时，其建筑设计也可适用	上海

1.5.2　机构养老标准

机构养老是指以社会机构为养老地，依靠国家资助、亲人资助或老年人自备的形式获得经济来源，由专门的养老机构，如福利院、养老院、托老所等，统一为老年人提供有偿或无偿的生活照料与精神慰藉，以保障老年人安度晚年的养老方式。与机构养老有关的标准中涵盖了机构居室环境、餐饮环境、无障碍设计、辅具设施配备等多方面的设计要求，见表 1-4。

表 1-4　机构养老相关标准汇总

规范名称	编号	适用范围	适用地区
《社区老年人日间照料中心建设标准》	建标 143—2010	本建设标准适用于社区老年人日间照料中心的新建工程项目，改建和扩建工程项目可参照执行。本建设标准所指社区老年人日间照料中心是指为以生活不能完全自理、日常生活需要一定照料的半失能老年人为主的日托老年人提供膳食供应、个人照顾、保健康复、娱乐和交通接送等日间服务的设施	全国
《老年养护院标准设计样图》	13J817	适用于新建、改建和扩建的老年养护院工程。老年护理院、老年公寓、农村敬老院、社会福利院、光荣院、荣誉军人康复医院等机构相关设施建设可参考本图集	全国

续表

规范名称	编号	适用范围	适用地区
《养老机构认知障碍友好环境设置导则》	DB13/T 5544—2022	本文件适用于养老机构进行认知障碍友好环境设置时使用	河北
《养老机构老年人生活环境基本要求》	DB14/T 2146—2020	本标准规定了养老机构老年人生活环境的术语和定义、基本原则、居室环境、餐饮环境、公共场所环境、绿化景观、康复环境。 本标准适用于养老机构老年人生活环境建设	山西
《老年养护院建设标准》	建标 144—2010	本建设标准适用于老年养护院的新建、改建和扩建工程。本建设标准所指老年养护院是指为失能老年人提供生活照料、健康护理、康复娱乐、社会工作等服务的专业照料机构。老年护理院、老年公寓、农村敬老院、社会福利院、光荣院、荣誉军人康复医院等机构相关设施建设可参照本建设标准相关规定执行	全国
《四川省养老院建筑设计规范》	DBJ 51/052—2015	本规范适用于四川省范围内新建、改建及扩建的养老院建筑设计	四川
《特困人员供养服务设施（敬老院）建设标准》	建标 184—2017	本建设标准是为建设项目投资决策服务，合理确定敬老院建设规模及建设水平的全国统一标准，是编制、评估和审批敬老院项目建议书、可行性研究报告、初步设计的重要依据，也是有关部门督促、检查敬老院建设项目全过程的尺度	全国

1.5.3 社区养老标准

社区养老设施建筑包括托老所、日间照料中心、社区服务中心、老年食堂和老年服务中心站等，设计应以老年人为本，遵循安全、卫生、适用、经济的原则，确保老年人的基本生活质量。相关标准见表 1-5。

表 1-5 社区养老相关标准汇总

规范名称	编号	适用范围	适用地区
《城市社区居家适老化改造技术标准》	T/CECS 1042—2022	本标准适用于城市社区居家适老化改造的策划评估、设计和过程监管	全国
《社区养老服务设施设计标准》	DB11/1309—2015	本标准适用于北京市新建城镇社区养老服务设施的规范、设计和建设（历史文化街区除外）	北京
《城市社区养老服务设施设计标准》	DB13（J）/T 8335—2019	本标准适用于河北省新建、改建和扩建的城市社区养老服务设施设计	河北
《城市嵌入式社区养老设施建筑设计标准》	DB13（J）/T 8382—2020	本标准适用于河北省城市既有社区内，既有建筑改造类嵌入式社区养老设施建筑设计，建筑面积不宜小于 150m^2	河北
《居家养老服务中心建设规范》	DB13/T 2739—2018	本标准适用于居家养老服务中心项目的建设，农村互助幸福院参照执行	河北

续表

规范名称	编号	适用范围	适用地区
《老年宜居社区建设细则》	DB31/T 1023—2016	本标准规定了老年宜居社区建设中有关基本建设、住房、公共设施、服务供给、生态环境、社会文明等基本内容。 本标准适用于本市老年宜居社区的建设指导	上海
《老年友好城市建设导则》	DB31/T 883—2015	本标准规定了老年友好城市建设的户外环境和设施、公共交通和出行、住房建设和安全、社会保障和援助、社会服务和健康、文化教育和体育、社会参与和奉献、社会尊重和优待等基本内容。 本标准适用于本市老年友好城市建设的指导	上海
《居家和社区养老设施建设与运营规范》	DB3603/T 5—2023	本文件规定了居家和社区养老设施建设与运营的术语和定义、建设要求、运营管理、安全管理、运营服务、评价与改进。 本文件适用于萍乡市辖区内居家和社区养老设施建设与运营管理	江西萍乡
《社区老年人日间照料中心建设标准》	建标 143—2010	本建设标准适用于社区老年人日间照料中心的新建工程项目，改建和扩建工程项目可参照执行	全国

1.5.4　居家养老标准

居家养老标准涵盖新建的养老住宅以及对既有的居民住宅进行适老化改造的相关工作，包括建筑设计、建设要求、改造评估、评价验收等多项内容，见表 1-6。

表 1-6　居家养老相关标准汇总

规范名称	编号	适用范围	适用地区
《居家养老家居适老化改造通用要求》	DB37/T 3095—2018	本标准规定了家居适老化改造的术语和定义、基本原则、改造评估、改造要求、评价验收等内容。 本标准适用于家居适老化改造的相关工作	山东
《居家适老化改造指南》	DB34/T 3748—2020	本文件确立了居家适老化改造的基本要求，并规定了居家适老化改造的物理空间改造、辅助器具适配、智能安全监控配置。 本文件适用于居家适老化改造	安徽
《既有住宅适老化改造设计标准》	DB34/T 3829—2021	本标准适用于安徽省城镇既有住宅适老化改造设计	安徽
《老年人住宅设计标准》	DB32/T 4164—2021	本标准适用于江苏省城市、建制镇专为老年人新建的住宅建筑设计，改建、扩建的老年人住宅建筑可参照执行	江苏
《居家和社区养老设施建设与运营规范》	DB3603/T 5—2023	本文件规定了居家和社区养老设施建设与运营的术语和定义、建设要求、运营管理、安全管理、运营服务、评价与改进。 本文件适用于萍乡市辖区内居家和社区养老设施建设与运营管理	江西萍乡
《城市社区居家适老化改造技术标准》	T/CECS 1042—2022	本标准适用于城市社区居家适老化改造的策划评估、设计和过程监管	全国

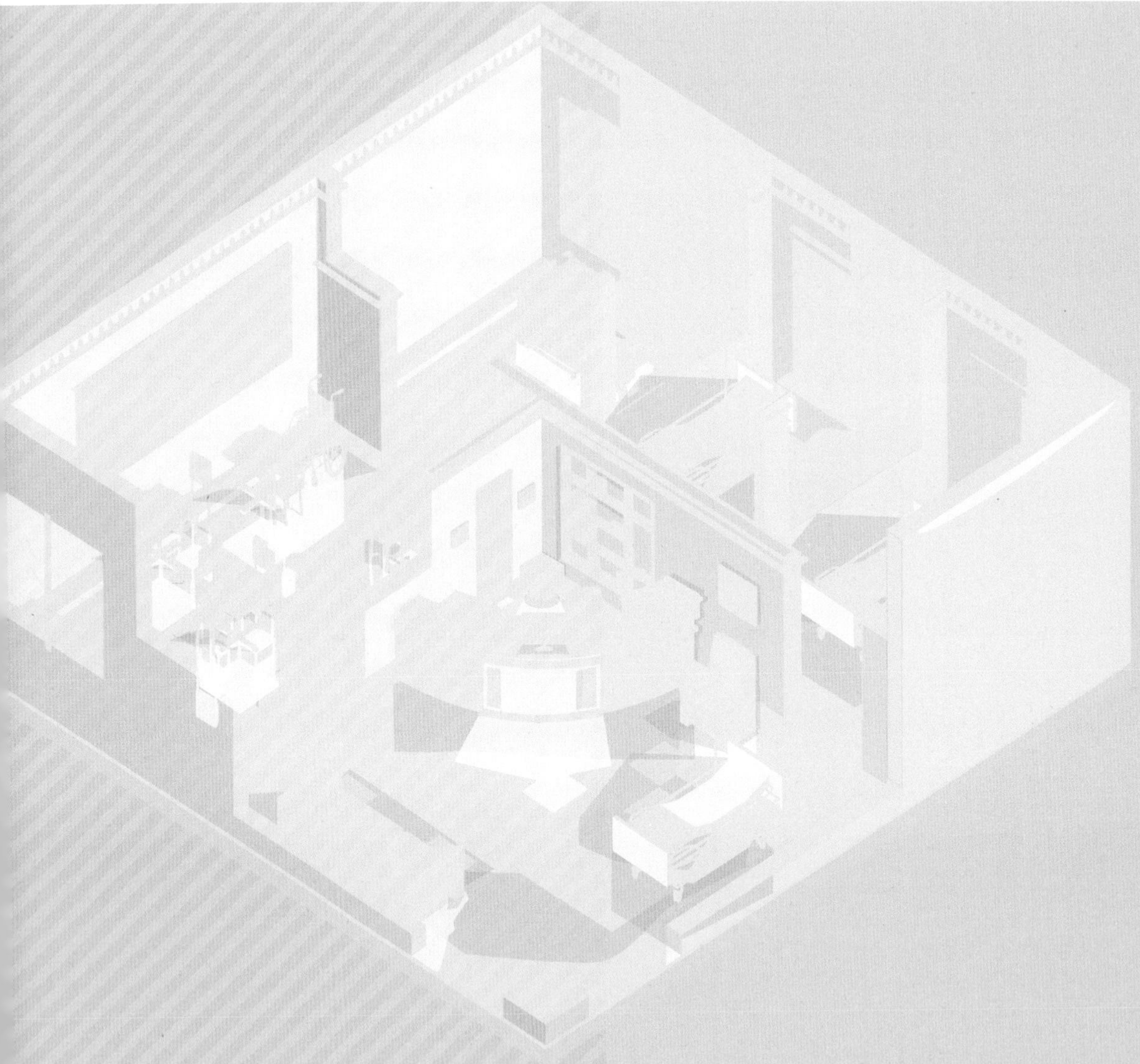

第2章

场地规划及建筑整体设计

CHAPTER 2

2.1 全过程策划

2.1.1 全过程策划概述

（1）全过程策划的概念

“全过程策划”即从项目前期的市场调研开始到项目后期的物业服务等各个方面都进行全方位策划，统筹各方资源以达到项目投资的目标。

全过程策划需要在项目立项之后立即开展工作，以确保项目可以按预期实施。它的主要目标是在保证达成养老设施项目的投资目标和符合相关法律和技术要求的前提下，制定出科学、创新、细致的项目规划，为项目开发和实施提供指导和支持。

（2）全过程策划的任务

养老项目全过程策划可以按关键节点分为两个阶段：项目定位阶段、项目开发计划制定阶段（图 2-1）。

全过程策划的主要任务包括：在项目定位阶段进行可行性评估和项目定位；在项目开发计划制定阶段需要从市场调研、投资分析、技术方案、项目设计、施工方案、项目运营管理等方面进行全面的调查和分析，以确保项目的可行性和可持续发展（图 2-2）。

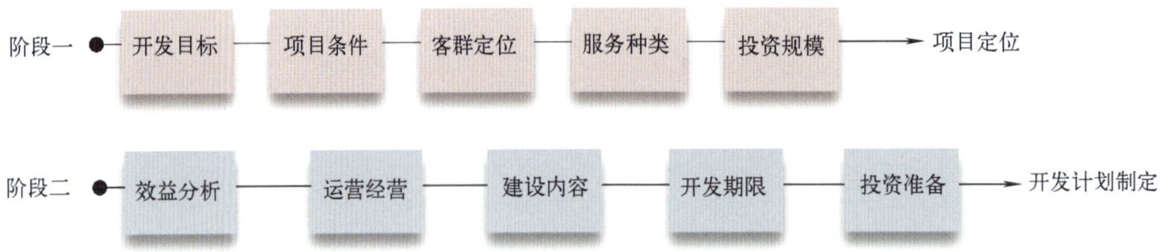

图 2-1 养老项目全过程策划的两个阶段流程图

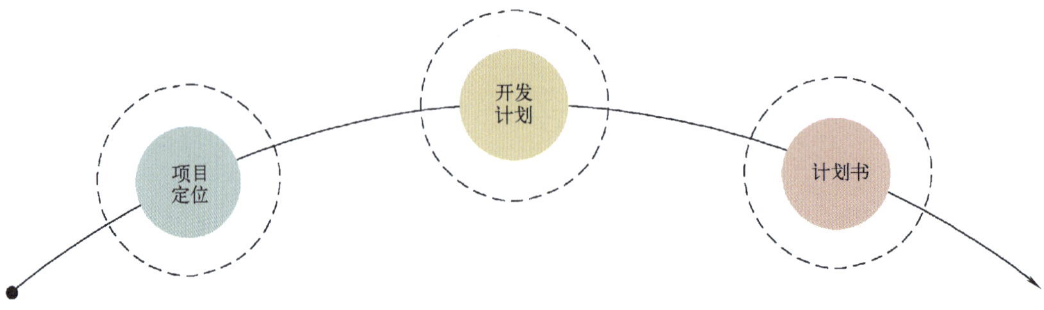

图 2-2 策划阶段主要任务

（3）项目全过程策划的常见问题

① 对客群的把控不够精确。

在策划过程中，对客群的定位是非常重要的，一定要清楚客群的性质，明确客群需求，有针对性地设计项目。例如在养老院的生活模式、针对的不同种类的老年人群体、建筑的风格等信息的梳理调查，都是需要敲定的。前期过程相对成熟完善，那么在后期建设过程中就可以避免过于宽泛、杂而不精的问题。如果对客群的把控不到位，在项目推进的过程中就无法把控细节，会反复地修改方案，导致项目很难推进，延误工时。

② 项目策划的内容脱离现实情况。

在项目初期，如果对当地的基本状况，例如气候、地形、项目周围的交通、老年人群体等各个方面研究分析得不够透彻，就容易发生项目与当地状况脱离的情况，容易架空或滞后项目的某些部分，对后期运营产生不良影响。想要跳出传统古板的模式，创新或引进先进的理念时，难免就会忽视一些实际情况，所以需要在符合当地实际情况的前提下来创新养老项目模式，同时预估好需要的资源来配套，而不是盲目堆砌不实际的观点或在设计过程中直接使用“拿来主义”，需要周密思考，做到因地制宜。

③ 运营服务的计划不够周密完备。

这一部分很大程度上影响了项目的进程，运营服务涉及后期养老项目的完整性，但往往很容易发生在运营服务计划还未成熟时就盲目开工的情况，直到开发后期才开始咨询相关人士来完善运营服务的计划，导致使用不便，造成不可逆的后果，后期的运营成本因为前期欠考虑而增加，得不偿失。所以在前期就应该集合专业人士的各方面建议，多方面多角度考虑运营方面的问题，使计划成熟完善，避免增加后期工作量。

（4）项目定位阶段的任务及主要工作内容

明确项目的可行性和定位是这一阶段需要完成的任务。项目是否有发展的潜力、相关资源是否具备且齐全，在这一阶段都需要明晰，包括合作伙伴的选择都需要确定。在明确可行性之后要做的就是多听取各方的意见与建议，明确各类指向，如客群、选址等，并且在此基础上分析可选用地的优劣势。在此之后可以预判项目今后的发展需求。

主要工作内容包括外部资源调查和自身资源调查（图 2-3）。

（5）开发计划制定阶段的任务及主要工作内容

详尽规划并合理安排项目的建设、运营是这一阶段的主要任务。相比于项目定位阶段，开发计划制定阶段需要落实的要点会更详细，很多方面都需要确定计划，而且规划的时间和周期也比较长，包括资金和运营方面的问题，都需要留意多方意见。

外部资源调查

● 养老政策与法规

详细调查当地政府出台的与养老相关的政策与发展的方向，及时变更、优化、补充策划中的内容，明确相关的法规以及特殊要求。同时需要明确当地优惠政策以便于项目的建设。

● 养老定位与资源

分析当地老年人群的特性以及服务需求，并且结合当地的资源现状确定养老项目的定位（老年人口分布，群体基本状况等），同时配合当地养老市场缺口，有针对性地补齐市场短板。

● 长期发展需求

在详尽调查市场以及现有资源之后完善项目策划并对未来的发展做出预期计划。预估项目建成之后对当地老年人群、城市资源等方方面面产生的影响，尽量发挥项目优势、提高城市水平，体现项目价值。

自身资源调查

● 项目用地情况

区位分析是策划中非常重要的一部分，周围的交通，人口分布，周边设施与资源，例如超市便利店、环境绿化等要素是否齐全都需要考虑，如不足也需要补充。除此之外，用地规划的条件以及其他相关指标也需要明确。

● 项目开发信息

要对项目的开发有明确的方向，多多收集相关项目的信息，借鉴其他项目长处，同时强调自身项目特点。

明确项目的性质、集资方式等。同时评估不同开发商的优势与劣势，从中选优，达成与项目本身愿景相符的合作计划，在策划阶段评估项目的完成度，要从多方考察。

● 项目未来发展

思考项目在此基础之上可以拓展的边界，以及如何在保证经济效益的前提下更新换代。如有分期开发需求则需根据项目本身条件估计项目的投资和拟建或加建计划。

图 2-3 项目定位阶段的主要工作内容

主要工作内容包括明确经营要点和完成资金预估（图 2-4）。

2.1.2 策划内容要点

（1）重要信息的收集

在策划之前，信息的收集和整理非常重要，需要有一个非常清晰的框架和详尽的内容来将所需要的重要信息整合到一起。应该将所有的信息收集成册，填写目录，以便项

明确经营要点

● 明确经营内容

经营内容指导着项目的发展方向。确定经营的方案内容，例如项目的基本类型，也包括运营模式、缴费方式和营利性质。

● 明确服务方式

明确管理方向及内容，管理体系由上而下需详细安排落实。除此之外，服务内容的多样化、养老设施的配置、照料模式、关怀风格等也都需要有明确的定位。

● 明确建设需求

在进行详细的空间调研之后，明确房间类型，其中包括老年人的房间标准化设计、员工的需求空间设计等，其他房间配比和交通面积都需要制定详细的清单，计算出建筑总面积之后，由此来计算所需的成本资金。

完成资金预估

● 投资计划

项目所需的所有资源，包括所动用的人员、资金、物资配置和团队合作等需求，都需要有详细的计划与之匹配，在此之后需要计算出预估成本。

● 开发过程

在明确了项目的开发周期之后，需要分析项目与其他同类项目相比的市场竞争力，还需要分析在投资方面的优势和效益。

开发周期的时间节点也需要在此过程中明确，并需要有配套的施工计划以及申报事项。以此来最大程度上规避开发过程中的不可抗力因素。

● 经济效益

对于项目的运营和财务要仔细核对并制定财务计划书，包括资金链发生问题时的应对机制，若有贷款需要，要及时制定借还款计划。

图 2-4　开发计划制定阶段的主要工作内容

目开展时查找。切勿把所有信息混为一团，每一项都应该分级分类整理，将信息的优势发挥到最大。项目的开发需要多方资源的配合，应该从图 2-5 所示的几个方面入手搜集所需要的信息。

（2）老年客群的细化

老年客群的定位有很多方面，衣食住行每一项都需要仔细确认，不同的消费级别也需要做好区分，还有老年人的身体状况，都是需要注意到的方面。例如老年人需要照顾的程度，可以分为轻度、中度和重度。每一项都需要细化，这样在做客群定位的时候才能精准地服务到每一位情况不同的老年人。主要可以从图 2-6 所示几方面入手。

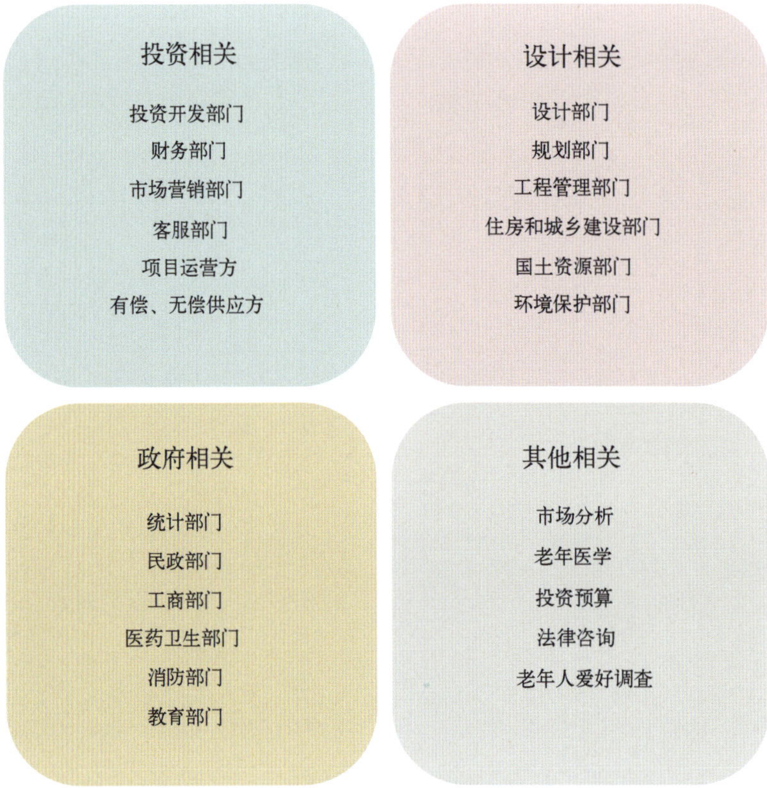

图 2-5 信息来源

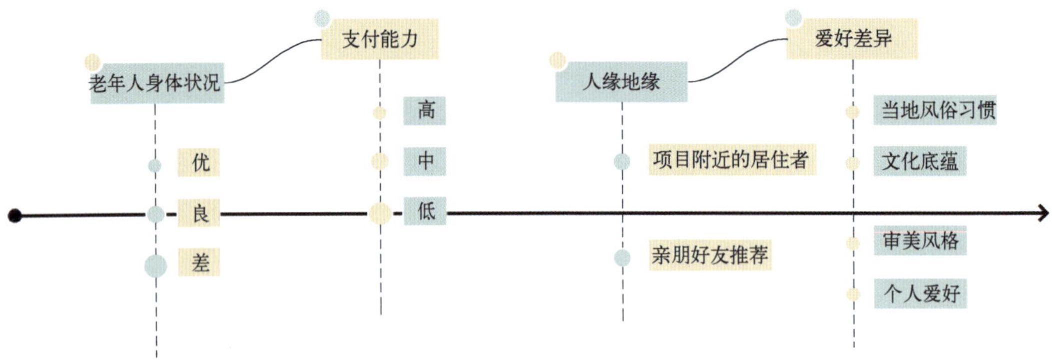

图 2-6 客群细化

可以更详细地把老年人的身体状况和支付能力结合起来，或者从中选择某一个方向，如果包含的方面多，那么就需要更详细的计划，最大限度优化老年人的身体状况和支付能力的结合。而人缘地缘也可以与老年人的爱好差异相匹配，这一步需要去调查项目附近老年人的喜好，调查之后选取老年人中最受欢迎的方式，这样可以更大限度地吸引老年人客群。

（3）区位条件

在策划要点中，对地理位置的调研是非常重要的一个环节。地理位置决定了养老项目的性质，不同的地理位置有着不同的小环境和小气候，周边很多因素也不同，需要分类讨论（表 2-1）。

表 2-1 区位条件分析

区位	位置特点	项目类型
城中	人口多、人流复杂，通勤率高。基础设施建设较全面，交通发达且形式多样化，老龄化程度高，用地面积紧张，空气质量差，地价高	不适宜建造规模过大的养老院，可以根据老年人分布的区域设置配套的养老设施，开发社区内部小型的养老活动中心
城郊	人口数量相对较少，通勤率较低。交通相对便利，用地面积相对宽松，地价适中，空气质量相对较好。配套设施也较完善	适合建设规模适中、综合性强的养老院，并且老年人的年龄跨度可以放宽些
城外	人口少，通勤率低。用地面积充裕，自然环境好，空气质量高，地价低，但位置较偏远	适合建设规模较大、档次较高，以度假养生、终身服务照料为主的活力型养老院

在选择养老项目的地理位置时，有很多要素需要考虑，周边的交通是否便利、生活配套设施是否齐全、是否邻近医疗卫生机构和居住区、项目位置是否易于到达等都是需要深入调研的要点。

（4）长期发展

在未来老年人对养老服务的需求会不停地发生变化，需求会变得更加多样化，老年人也会在除了年龄的基础上有更多不同的分类，包括在消费能力、文化爱好等方面分类，养老机构需要在此基础上合理优化老年人群的分类，满足多样化的需求。

在中国老龄化程度呈上升趋势的情况下，养老项目应该紧跟老年人需求的变化做出相应调整。在科技不断发展的当代社会，先进的养老观念与设施层出不穷，养老项目在设计初期就需要做好调研，深刻分析一些新管理方式的可行性，以及一些设施是否安全耐用，经过对比，从中选优，包括资金预算、购买渠道等都需要严格落实，将资金合理利用率最大化的同时给养老项目注入新鲜活力。与此同时，也要为后期发展的更新换代留有余地。

关于良好自然环境的需求在未来也会逐渐增加，良好的自然环境对老年人的身体健康有很大影响，如何将养老建筑与自然环境融为一体是一个非常重要的课题。对于养老空间的需求也会变多，例如提高居住标准、注意老年人隐私、制定个性化服务等。在功能增多的同时，空间也应产生相对应的变化，例如灵活地使用空间是非常重要的，老年人护理必须和空间相结合，实用性强又有灵活度的空间将会被更多的养老项目需要，应该在设计初期多寻找不同的案例，配合当地实际情况设计项目。

除此之外，管理人员以及医护人员的需求也不容忽视。为了让工作人员快速熟悉环境，熟悉先进设备，丰富的入行培训是必不可少的，例如如何关怀老人、建筑空间的使用、科技设备的操作、管理系统的熟练应用，都需要工作人员潜心学习。而设计出的空间应该便捷，实用性强，易于清洁，便于管理。工作人员的休息空间也应该丰富多样，有较好的工作待遇、适当的休息活动，才会使工作人员更有活力、更有意愿去发挥自己的服务价值，更好地照料老年人。

不仅在养老院建筑的项目中需要潜心调研，一些社区居家养老的情况也需注意，如改造老旧养老设施、增加楼梯扶手、设施防滑措施都是需要注意的。在社区中增加小型养老活动中心，丰富老年人日常生活；增设社区医疗门诊，当老年人身体异常时能及时就医；也应该拓展上门问诊、家政服务以及日间照料等多元化服务。

2.1.3 调研内容及要点

调研是所有项目设计的基础，在调研中会发现很多问题，在这个阶段发现问题可以及时得到妥善解决，因为后期如果再想改动有可能会耗费较大成本，产生不可逆的影响。所以在方案初期的调研阶段必须把控好设计方向，基本预测和解决可能发生的问题，在此基础上才能有更多的设计新思路、新想法和新颖的设计。

调研的时间是在项目设计初期，在所有限定条件都确定的情况下再展开建筑方案设计，这样也可以避免建筑方案太跳脱、不落地的情况，由此来形成建筑设计任务书。调研时间长度需要把控，不要太长或太短，太长会影响到项目后面的步骤，而太短有可能会导致资料搜集得不够充分。

调研属于策划中非常重要的部分，它决定了项目的很多方面，调研的侧重点需要放在老年人、工作人员和运营方以及所有使用方的空间需求上，需要搜集各方对象背景基础资料。可以采用线下访问和线上搜集资料相结合的方式，包括一些明察暗访、问卷调查等。可以进行实地考察，去现场观摩，例如一些当地已经存在的比较好的项目，实际体验和感受空间的关系可以更好地优化方案设计。除此之外还可以组织多种多样的座谈会和社区调查活动，这样能够更亲近老年人生活，对项目会有更加深刻的思考，做建筑方案设计时会更具有人文关怀。

2.1.3.1 老年人空间需求调研

（1）活力老人

这类老人的需求比较简单，因为身体状况比较好，可以适量运动和参加一些团体活动，心智健全，但需要陪伴，需要与人沟通交流。养老院可以使这类老人消遣无聊的时间，扩大社交圈，交往到有共同爱好的朋友，解决心理需求。活力老人适量地运动可以促进身体健康，更加长寿。

所以活力老人需要的空间更加侧重于丰富多彩的活动室、设备齐全的运动间，便于其在专业的运动顾问指导下进行活动。对于独立房间来说，需要具备完整的功能空间，满足独立生活的需要。

（2）失智老人

这类老人患有阿尔茨海默病，对事物的认知逐渐不清晰，会出现记忆衰退、情绪时好时坏的情况，有时甚至会出现过激行为，也包括语言功能丧失等情况。虽然具备行动能力，或保持着基本的常识，但是如果无人照料就容易发生走失或在日常生活中由于认知衰退而对自己造成伤害的情况，所以这类老人的情况比较复杂，根据失智程度的不同需要的照料方式也不同。

失智老人的生活环境需要尽可能简单些，减少复杂的活动，例如做饭洗衣，以及容易发生危险的活动，需要处于干扰较少、较安静的空间中，这有利于其情绪保持相对稳定。同时也应该加强他们对事物的熟悉度，例如标志性的家具、熟悉的公园等，这就需要相对安全的室外活动空间，路线简单，易于记忆。

（3）失能老人

这类老人丧失自我生活的能力。由于瘫痪、中风等，肢体无法具备行动能力。轻则需要拐杖、轮椅，重则瘫痪在床。这类老人的身体健康状况较差，普遍患有疾病，需要定时按量服药。

所以失能老人最需要无障碍空间，自己居住的房间需要无障碍设计，卫生间和卧室部分以及走道宽度等都需要注意。不仅如此，室外的环境也应该遵循无障碍设计规范，老人的活动都需要无障碍设施的配合，并且需要医护人员照料的时间也更长。同时房间需要距离医护室、急诊室等医疗设备齐全的空间更近。

基本可以从图 2-7 所示几个方面去考虑。

2.1.3.2　运营方空间需求调研

（1）老人空间需求

老人使用空间大致分为两类：居住空间和餐饮空间。

居住空间包括老年人居室、医护区域和公共起居室。医护区域应放置在靠近居住空间的位置，以便为老人服务。根据老人的自理能力合理分配居住和活动空间。如活力老人的护理组团可以设置较大的活动交流空间，为他们的交流、锻炼提供场所。而失智和失能老人的活动能力有限，可以相对少地设置活动空间。

餐饮空间可以分为公共餐饮空间与私人餐饮空间。习惯吃饭与朋友结伴的老人可以选择公共餐厅。而私人餐饮是针对不同老人的饮食要求而送到老人房间的餐饮方式，这类服务适合一些习惯于单独用餐的老人，或是对饮食有特殊需求定制的老人。

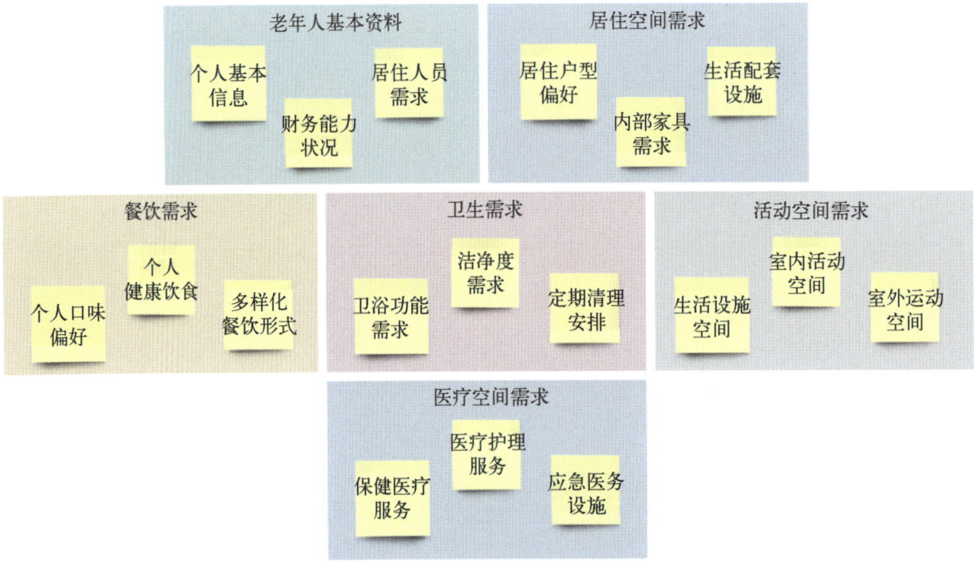

图 2-7 老年人需求调研子项目

(2) 员工空间需求

员工的使用空间也非常重要，这直接影响到了员工的工作舒适性和效率。员工主要使用空间包括办公空间和相关配套空间。

应根据不同人员职能设置办公空间，以保证各自工作的有序进行。如分别设置院长办公室、医疗办公室、接待室、财务室、护士站等。其中除护士站需要距老人的护理空间近外，其余空间应相对私密。

相关配套空间为员工提供必要的服务。如更衣室、员工卫生间、员工休息室等。考虑到员工的隐私和对各类人员的管理，此类空间应与老人使用的空间分隔开，避免人流混杂，造成工作的不便。

(3) 设备空间需求

设备配套功能为建筑运营起到至关重要的作用，在调研阶段应充分调研并理解。根据不同的地区、不同投资情况可从以下两方面选择相关设备方案。

采暖和制冷方式的选择：采暖方式常用暖气片、地暖或中央空调；制冷方式常用中央空调或分体式空调。

智能化设备的选择：随着社会的进步和技术的发展，出现很多方便人们生活的智能化设备，如紧急呼叫装置、智能马桶、智能照明等。

运营方需求调研可以从图 2-8 所示几个方面考虑。

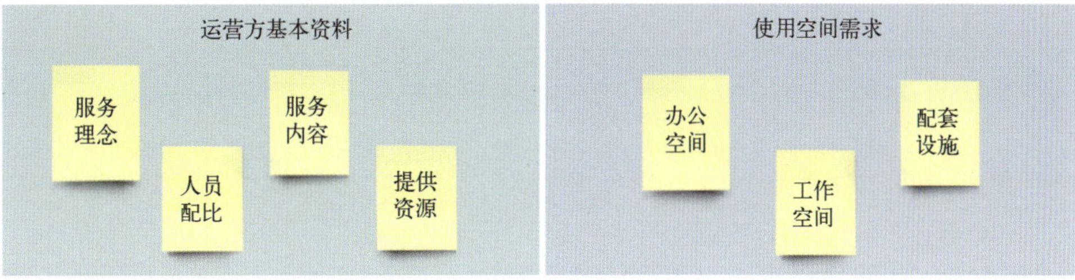

图 2-8　运营方需求调研子项

2.2　总体规划

2.2.1　选址要求及评估

养老设施建筑选址是养老设施建设的首要问题，它直接影响到老年人的居住质量，与老年人的身心健康密切相关。因此，合适的选址是非常重要的。下面详细讲解养老设施建筑选址的要求及评估方法。

（1）选址要求

选址要求可从老年人口的空间分布、周边交通、可达性、安全性、氛围舒适性、是否有完善的配套设施、是否便于管理等方面考虑（表 2-2）。

表 2-2　选址要求

考虑因素	要求
老年人口的空间分布	养老设施选址应符合老年人的空间分布特征，需要从老年人口规模、空间分布特征以及空间发展趋势三方面考虑，避免产生重复建设或缺位的问题
周边交通	交通要求应该包括公共交通设施的完善性。 步行系统：散步是老年人活动的主要途径，居住区的各类功能空间和社区与城市间的各类活动空间都需要步行系统的连接。但因为方向感弱以及视力障碍普遍存在于老年人群体中，所以步行系统应该简洁通畅，具有高度的可识别性。 标识系统：选择具备详尽标识系统的环境，可以提高老年人的安全感和归属感
可达性	选址时应注意公交车、地铁、出租车系统的完善度，以及周边道路的交通流量和堵车情况等因素。同时应和汽车站、火车站、机场等大型交通枢纽保持适当距离。不宜设置在太隐蔽的位置，以便老年人和其家属能够轻松找到，并避免老年人迷路的情况发生
安全性	应选择在工程地质条件稳定、不受洪涝灾害威胁、日照充足、通风良好、安全性较高的地段，以降低老年人的意外风险
氛围舒适性	养老设施建筑应该选在环境舒适的地方，要避免噪声、空气污染，同时应该具备优美的自然环境，以营造舒适的养老氛围

续表

考虑因素	要求
配套设施完善性	社区配套设施的完善性对于老年人的生活质量至关重要。养老设施建筑应该选在社区配套完善的地方，与医疗设施的相对位置、与生活休闲服务设施的相对位置都需要仔细考虑，也需注意与设施所在地块用地性质兼容
管理便捷性	养老设施建筑用地宜独立设置，方便日常管理和维护。人员管理、物业管理、设施维护等，都应当综合考虑

（2）选址评估

根据以上选址要求，可从表 2-3 所示的几方面对选址进行评估。

表 2-3　选址评估

考虑因素	要求
交通评估	①公共交通设施覆盖程度：是否有地铁、公交车、出租车等交通工具，公交站点到社区入口距离不宜超过 500m； ②交通安全：道路是否拥堵、是否容易出现交通事故，人行道路是否安全等
可识别度评估	①地标：选址周边是否有地标性建筑或标志性建筑或独特的景观设施，例如商场、医院、花园等； ②交通枢纽：选址周边是否有明显的交通枢纽，例如公交站、地铁站等； ③明显标识：选址周边是否设置明显的标识和指示牌，例如大字标识、指示箭头等
安全评估	①周边治安情况：是否是人员混杂地区，是否经常发生盗窃、抢劫等案件，是否存在不安全因素； ②火灾隐患：周边是否存在容易引发火灾的地方，如油库、燃气站等； ③自然灾害：周边是否容易发生地震、洪涝、台风等自然灾害
氛围舒适度评估	①空气质量：周边是否存在工业区、污染源等； ②噪声情况：周边是否存在噪声源，如工厂、车流、工地等； ③自然景观：周边是否有公园、绿地、水系等自然景观
配套设施评估	①医疗设施：周边是否有医院、药店等医疗设施； ②基础设施：周边是否有便利店、超市、银行等基础设施； ③娱乐场所：周边是否有公园、文化中心等娱乐场所
管理评估	①人员管理：设施附近是否有老年人较为集中的社区或组织，便于日常管理； ②物业管理：物业管理公司的专业程度，如是否能够对设施进行全方位管理； ③设施维护：设施本身的维护保养情况，如是否能够及时修缮维护设施； ④服务质量：设施的服务质量、服务态度等； ⑤费用：设施的收费标准是否合理，是否能够提供合理的收费方案

2.2.2　建设规模及功能配比

养老设施建筑的建设规模和功能配比会受到多种因素的影响，如地理位置、市场需求、投资规模等，在实际建设中，应结合项目地区、政策、项目性质等因素，在满足老年人需求的前提下合理配置。本节重点介绍机构养老设施的建设规模和功能配比情况。

（1）建设规模

养老设施建筑宜独立设置且为低层或多层。建设规模应该根据市场需求和投资能力确定。一般而言，养老设施建筑的规模可以根据建筑面积、床位使用人数等指标来衡量。

根据项目的总投资、用地情况、功能需求、建设用地的区位条件等因素确定机构养老设施的用地面积。根据当地老年人口数量、老年人的生活方式和居住习惯，以及需求量的估算等因素，确定养老设施建筑项目的床位数。

养老设施床均用地面积：城市新区一般为 40 ～ 50m^2/ 床，原则上不超过 60m^2/ 床；老城区一般为 30 ～ 40m^2/ 床，原则上不低于 25m^2/ 床。

（2）功能配比

养老设施建筑各类用房面积指标可参考表 2-4。

表 2-4　养老设施建筑各类用房面积指标　　单位：m^2/ 床

用房类别		总床位				
		500 床	400 床	300 床	200 床	100 床
老年人使用房间	入住服务用房	0.26	0.32	0.34	0.50	0.78
	生活用房	17.16	17.16	17.16	17.16	17.16
	卫生保健用房	1.23	1.35	1.47	1.68	1.93
	康复用房	0.57	0.63	0.72	0.84	1.20
	娱乐用房	0.77	0.81	0.84	1.02	1.20
	社会工作用房	1.48	1.50	1.54	1.56	1.62
	合计	21.47	21.77	22.07	22.76	23.89
行政办公用房		0.83	0.94	1.07	1.30	1.45
附属用房		3.57	3.81	3.97	4.34	5.19
合计		25.87	26.52	27.11	28.40	30.53

资料来源：《建筑设计资料集》。

以国投广州养老院项目为例，该项目地上七层，是拥有 148 张床的中高端护理型养老设施。面积指标见表 2-5。

表 2-5　国投广州养老院项目指标

<table>
<tr><th colspan="2">功能空间名称</th><th>数量 / 间</th><th>使用面积 /m²</th><th>合计 /m²</th><th>备注</th></tr>
<tr><td colspan="6">一、居住空间（位于二～七层）</td></tr>
<tr><td colspan="6">（一）老年人居室</td></tr>
<tr><td rowspan="3">单人间</td><td>二～五层</td><td>4</td><td>21.52</td><td>86.08</td><td rowspan="3">居室内包含居住空间、开敞阳台、无障碍卫生间。卫生间内设置洗手池、坐便器及淋浴设施</td></tr>
<tr><td>六层</td><td>4</td><td>21.52</td><td>86.08</td></tr>
<tr><td>七层</td><td>8</td><td>21.52</td><td>172.16</td></tr>
<tr><td rowspan="3">双人间</td><td>二～五层</td><td>7</td><td>30.8</td><td>215.6</td><td rowspan="3">居室内包含居住空间、开敞阳台、无障碍卫生间。卫生间内设置洗手池、坐便器及淋浴设施</td></tr>
<tr><td>六层</td><td>7</td><td>30.8</td><td>215.6</td></tr>
<tr><td>七层</td><td>1</td><td>30.8</td><td>30.8</td></tr>
<tr><td rowspan="3">四人间</td><td>二～五层</td><td>3</td><td>42.42</td><td>127.26</td><td rowspan="3">居室内包含居住空间、开敞阳台、无障碍卫生间。卫生间内设置洗手池、坐便器及淋浴设施</td></tr>
<tr><td>六层</td><td>0</td><td>0</td><td>0</td></tr>
<tr><td>七层</td><td>0</td><td>0</td><td>0</td></tr>
<tr><td colspan="2">老年人居室面积合计</td><td></td><td></td><td>933.58</td><td></td></tr>
<tr><td colspan="6">（二）公共服务配套空间</td></tr>
<tr><td rowspan="2">公共起居室</td><td>二～六层</td><td>1</td><td>73.08</td><td>73.08</td><td rowspan="2">供本组团老年人开展日常活动和就餐使用</td></tr>
<tr><td>七层</td><td>1</td><td>47.08</td><td>47.08</td></tr>
<tr><td rowspan="2">分餐室</td><td>二～六层</td><td>1</td><td>11.21</td><td>11.21</td><td rowspan="2">临近公共起居室，在此为本组团老年人开展分餐工作</td></tr>
<tr><td>七层</td><td>1</td><td>6.84</td><td>6.84</td></tr>
<tr><td rowspan="2">护理站</td><td>二～六层</td><td>1</td><td>12.79</td><td>12.79</td><td rowspan="2">设置服务台</td></tr>
<tr><td>七层</td><td>1</td><td>12.53</td><td>12.53</td></tr>
<tr><td colspan="2">护理站卫生间</td><td>1</td><td>5.37</td><td>5.37</td><td>卫生间内包含洗手池、坐便器</td></tr>
<tr><td colspan="2">布草间</td><td>1</td><td>5.56</td><td>5.56</td><td>存放换洗床品</td></tr>
<tr><td colspan="2">助浴室</td><td>1</td><td>9.41</td><td>9.41</td><td>供老年人使用的浴室</td></tr>
<tr><td colspan="2">独立无障碍卫生间</td><td>1</td><td>7.03</td><td>7.03</td><td>供老年人及家属使用</td></tr>
<tr><td colspan="2">公共服务配套空间面积合计</td><td></td><td></td><td>190.9</td><td></td></tr>
<tr><td colspan="6">二、公共空间（位于本设施首层）</td></tr>
<tr><td colspan="6">（一）入口门厅</td></tr>
<tr><td colspan="2">门厅</td><td>1</td><td>104.63</td><td>104.63</td><td>设置休息座椅</td></tr>
</table>

续表

功能空间名称	数量 / 间	使用面积 /m²	合计 /m²	备注
电梯厅	1	17.2	17.2	供老年人使用的电梯等候区
资料储存区	1	8.9	8.9	供工作人员储存资料
接待室	1	19.77	19.77	接待老年人及家属
公共卫生间	1	14.15	14.15	供工作人员、老年人及家属使用
（二）公共活动空间				
多功能活动室	1	152.89	152.89	供老年人使用，开展公共活动
无障碍卫生间	1	5.2	5.2	供老年人及家属使用
储藏室	1	11.3	11.3	存放公共活动用品等
（三）医疗及康复空间				
医护办公室	1	17.6	17.6	供医护人员办公
观察室	1	16.4	16.4	设置观察床，供医护人员观察老年人身体状况
治疗室	1	11	11	供医护人员为老年人开展治疗工作
处置室	1	10.5	10.5	临近治疗室，存放医疗用品
护士站	1	19.8	19.8	供护士工作、休息使用
理疗室	1	27	27	供医护人员为老年人提供理疗
康复区	1	122	122	供老年人进行康复锻炼
无障碍卫生间	1	7.4	7.4	供老年人及家属使用
公共空间面积合计			565.74	
三、辅助空间（位于本设施首层）				
设备间	1	47.37	47.37	具体面积根据具体建筑确定
厨房	1	127.77	127.77	含洗消间、面点间、加工区、烹饪间、备餐区、研磨间等
更衣室	1	4.8	4.8	供后勤人员使用
办公室	1	3	3	供后勤人员使用
仓库	1	8.3	8.3	供后勤人员使用
辅助空间面积合计			191.24	

2.2.3 场地规划及设计

由于老年人在认知能力、健康状态、活动与社交等方面存在特殊需求，养老设施的场地规划和设计与其他类型项目相较而言需要考虑到更多细节，需要在设计中充分考虑到适老化需求（图 2-9）。

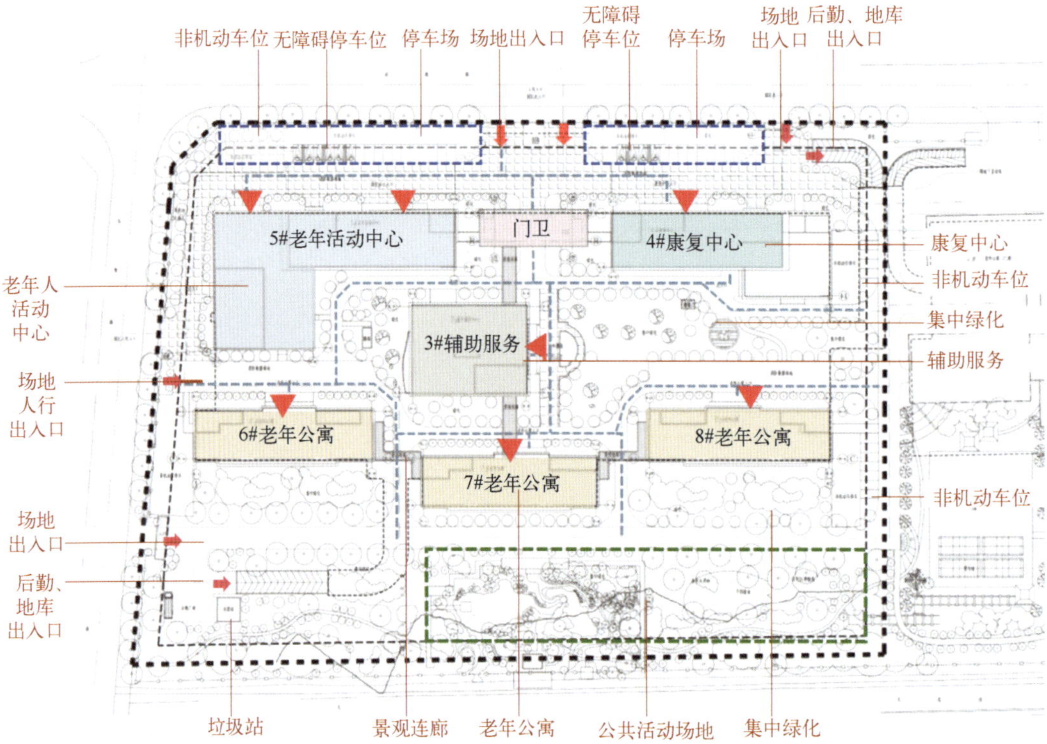

图 2-9 场地规划布局（国投健康盐城长者公寓项目总平面图）

本节主要从出入口配置设计、流线组织设计、停车场设计和活动场地设计等四方面进行介绍。

2.2.3.1 出入口配置设计

基地及建筑物的主要出入口不宜开向城市主干道。养老设施各出入口宜独立布置，减少各功能分区之间的相互干扰。居住功能块入口的位置需要便于老年人出入。辅助用房功能块宜对货物、垃圾、殡葬等运输单独设置出入口，且布置在远离主要出入口的位置，减少对老年人的干扰。公共空间宜设置在靠近主入口位置，便于老年人活动使用。同时，出入口的配置也需要考虑到紧急情况下的疏散要求（图 2-10）。

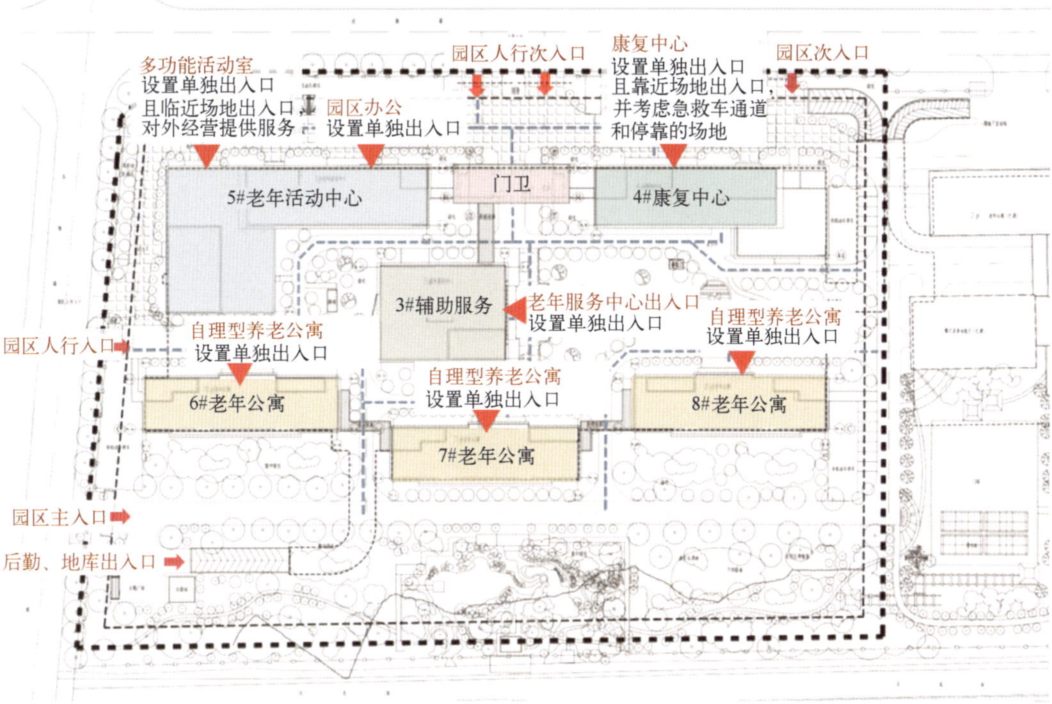

图 2-10　出入口配置（国投健康盐城长者公寓项目总平面图）

2.2.3.2　流线组织设计

（1）人车分流

散步是老年人的主要活动方式之一。在养老项目中，老年人的数量更为集中、活动范围也较大，考虑到老年人在园区内活动的安全性，人车分流的组织方式是最理想的选择。

在进行车行道路的组织设计时要遵循“顺而不穿，通而不畅”的原则，减少外部车辆的穿行并保障场地内行人的安全。园区内的车行道与人行道可通过铺地材质和颜色的对比，形成明确的分界，不至于使老年人产生混淆。人行道路要简洁流畅，在有高差的位置充分考虑无障碍设计，增加明显的标识，保障老年人的出行安全。

（2）构建慢行系统

充分考虑到老年人平日的散步需求，在人车分流的基础上，可以在场地中构建慢行系统，为老年人提供更为舒适的漫步环境。在进行慢行系统的组织时要充分考虑老年人生理、心理特点，道路连续、平坦是基本要求。通常设置为连续的环形跑道，并通过色彩的设计增强道路的可识别性，为老年人的晨跑、健步走等活动提供安全舒适的环境。设计要点如下。

① 合理舒适的尺度。园区内步行道路的尺度应根据社区规模大小和人群流量来进行设计。需要注意的是，养老设施散步道的尺寸除了要满足常规步行道要求外，还要考虑轮椅使用者安全通行的要求。

② 恰当的步行距离。考虑到老年人随着年龄的增长，体能在逐渐降低，当步行距离过长时会体力不支。因此，在连续步行道路旁应适当设置休憩设施，以便在老年人感到疲惫时为他们提供休憩空间。

③ 安全适宜的铺装材质。为保障老年人行走时的安全性与舒适性，应选用满足防滑、耐磨、不反光等性能要求的材料。并应保证道路平整，以免使用拐杖和轮椅出行的老年人在行进时发生危险。同时需要整体考虑养老园区的风格，在色彩、质感上与场地相协调，保证园区空间的连续性和整体性。

（3）设置交通引导标识

老年人由于视力、记忆力等方面的减退，容易出现迷路的情况。所以当园区面积较大时，不仅要在组织人行道路时遵循简洁不曲折的原则，还应设置交通引导标识，进一步保障老年人安全。

2.2.3.3 停车场设计

在场地规划中，要合理选择机动车和非机动车停车场的位置。停车场地应该便于进出和使用，并应考虑到老年人和残疾人的需求，设置无障碍停车位或无障碍停车下客点，为其留出方便的停车位。同时，需要组织便捷流畅的车行路线、数量合理的停车位，以满足老年人和访客的需求。

一般在不影响整体空间环境的完整性与艺术性的前提下，要求将机动车停车场设在方便易找的部位。并在机动车停车场距建筑物主要出入口最近的位置上设置无障碍停车位或无障碍停车下客点，与无障碍人行道相连。自行车停车场的布置，应考虑使用方便，避免与其他车辆交叉干扰，多选择顺应人流来向、靠近建筑的部位。

2.2.3.4 活动场地设计

活动场地可以为老年人提供进行体育锻炼、娱乐和社交活动的场所，是老年人日常生活中的重要一环。活动场地的设置应该符合老年人的需求，满足日照和通风、便利性、安全和舒适性等方面的要求。在进行方案设计时，应对活动空间功能进行灵活配置，以下是主要设计要点。

（1）在场地布局中合理设置活动场地

为保证老年人室外活动时的安全和健康，室外活动场地宜设置在向阳避风处，保证冬季阳光充足、夏季通风良好。因此，活动场地应避免选择在建筑北侧，以免阳光被建筑遮挡。此外，由于室外活动场地与室内空间的联系比较密切，应将室外活动场地设置在主体建筑主要出入口附近。

（2）设置灰空间

灰空间指的是建筑室内与室外之间的过渡空间，通过建筑构件的外挑、底部架空以及建筑体块的凹凸变化等方式形成。灰空间与开阔的公共空间不同，它具有一定的私密性和领域感，老年人们很容易选择在这些空间进行长时间停留。这些较为私密的空间与公共空间没有直接的联系，为老年人提供了小尺度的社交场所。如果设计得当，它将会成为老年人休闲交往的理想选择（图 2-11）。

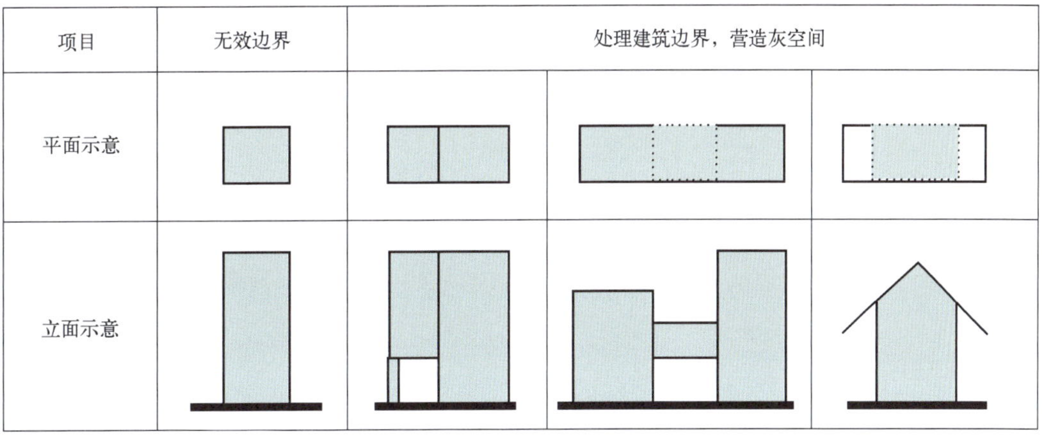

图 2-11　设置灰空间的手法

（3）满足老年人安全需要

室外设施应满足老年人安全需要，临水和临空的活动场所、踏步及坡道等设施，应设置安全护栏、扶手及照明设施。

2.3 整体布局

建筑整体布局组织可划分为三个方面：功能组织关系、空间布局设计、平面布局设计。本节将针对机构养老设施独栋建筑，从这三个部分对其整体布局进行分析。

2.3.1 功能组织关系

功能组织关系是指建筑内部各个功能空间之间的布局关系。在进行功能组织时，要考虑到不同的功能空间之间的相互关系，使它们之间的关系合理化。此外，还需要考虑到交通流线和使用效率，以便使整个建筑的服务效率得到最大限度的发挥。养老设施建筑中的具体功能分区大致包括以下几个部分。

（1）居住空间主要功能（表 2-6）

表 2-6 居住空间主要功能

空间名称	功能名称
老年人居室	卧室、休息区、储物室等
医护区域	医疗室、药房、护理室等配套服务空间
公共起居室	休闲区、会客区、访客区等

（2）公共空间主要功能（表 2-7）

表 2-7 公共空间主要功能

空间名称	功能名称
门厅空间	前台接待区、会客区、休闲区
医疗空间	医疗、护理、康复区
公共活动场所	茶艺室、棋牌室、休闲室、书画室、健身房、舞蹈室、瑜伽房、按摩房等
就餐空间	餐厅

（3）辅助服务空间主要功能（表 2-8）

表 2-8 辅助服务空间主要功能

空间名称	功能名称
行政管理区	办公室、会议室、接待室等
后勤服务区	厨房、洗衣房、储藏室等
设备用房	锅炉房、变电室等

以上三部分的功能组织关系如图 2-12 所示。

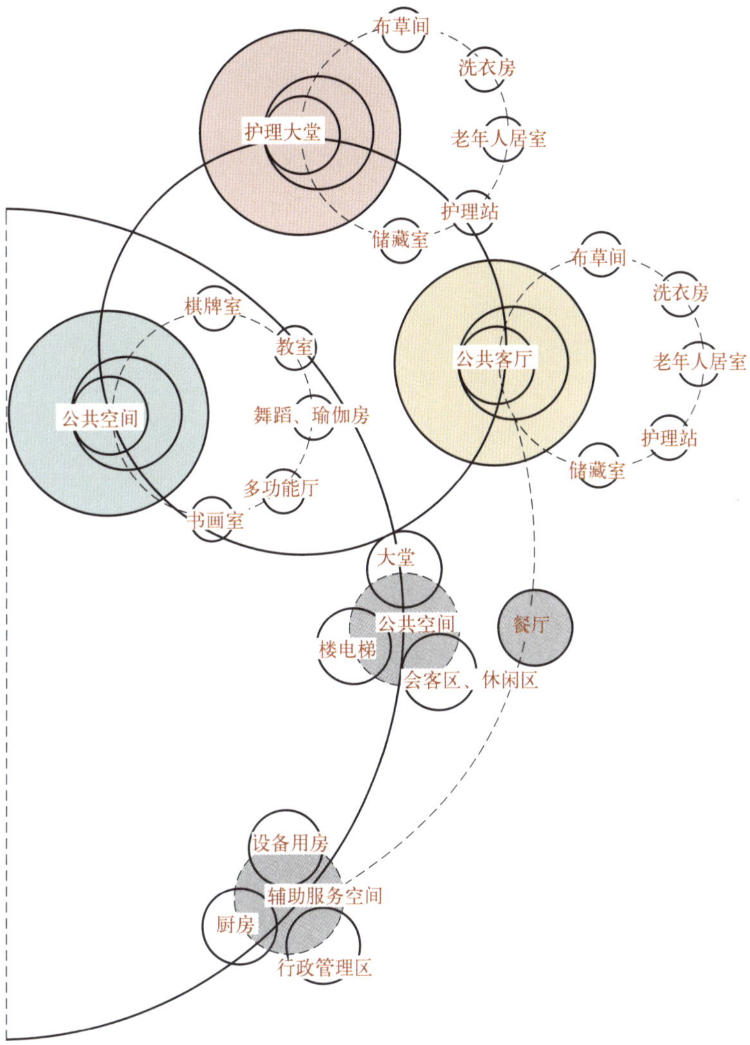

图 2-12　功能组织关系

2.3.2　空间布局设计

空间布局设计是指建筑内部不同空间之间的竖向分隔和组合关系。需要考虑到不同空间的功能需求、使用频率、光线、通风等因素，同时，还需要考虑到不同空间之间的转换关系，如过渡空间、接待空间、通道空间等，以保证整个建筑的空间流畅性。

在养老设施建筑中，公共空间通常需要布置在建筑的底层，例如大厅、餐厅、活动室、医务室等，这些公共空间可以为老年人提供社交、娱乐、就医等服务，同时也可以方便管理和监督。居住空间通常设置在较高的楼层，例如住宿房间、公寓式房间等，这些居住空间相对较为私密，可以保护老年人的隐私和安全，同时需要考虑无障碍设计。辅助服务空间通常设置在地下或首层，方便服务人员管理和使用。例如，护理站和医务室可以设置在一层或二层，方便老年人的就医和护理。此外，一些室外公共活动空间除了布置在场地内，还可以设在建筑屋顶，例如露天花园、游泳池等，但是需要考虑到人员密集时的紧急疏散问题。

在确定好整体空间布局关系后，我们在进行具体项目的空间布局设计时，可以从表 2-9 所示几方面考虑。

表 2-9 空间布局考虑因素

考虑因素	描述
连续性	将不同的空间环节相互连接起来，形成一个完整的空间系统。这样可以增强老年人的归属感和社交感，让老年人在生活中得到更多的关爱和关注
灵活性	在空间布局中应该注重空间的灵活性，可以根据老年人的需要进行调整，以适应不同的生活方式和生活需求。例如，可以通过活动隔断、可折叠墙等设计手段，让空间更加灵活多变
舒适性	在空间布局中应该注重空间的舒适性，包括光线、气氛、温度、声音等方面，让老年人在空间中感到愉悦、舒适和安全
人性化设计	在空间布局中应该注重人性化设计，包括适宜的空间比例、合理的通道宽度、充足的无障碍设施与防滑设施、紧急呼叫系统等，让老年人在空间中更加舒适、安全

2.3.3 平面布局设计

平面布局设计是建筑师对建筑体量在用地环境中的规划，它综合反映出建筑形体组织、体量组合与自然条件、城市环境以及交通系统的相互关系，是一种由外而内的过程。在此过程中建筑的宏观功能得以实现，同时建筑的外部空间形态也得以合理组织和创造。

空间布局组织完成后，需要对每层进行平面布局设计。对于养老设施建筑而言，居住空间是老人活动最主要的空间，也是养老设施的基本组成单元。通过前文可知，居住空间一般设置在建筑的标准层，下面将重点介绍标准层的平面布局。

一栋养老建筑的标准照料单元被划分为医护区域、老年人居室、公共活动区和交通核四个部分。其中医护区域、公共活动区和交通核三部分通常集中设置，这样有利于集中管理和更好地照顾到每个照料单元（图 2-13）。

平面布局形式的影响因素见表 2-10。

平面布局设计要点见表 2-11。

几种最常见的平面布局形式见表 2-12。

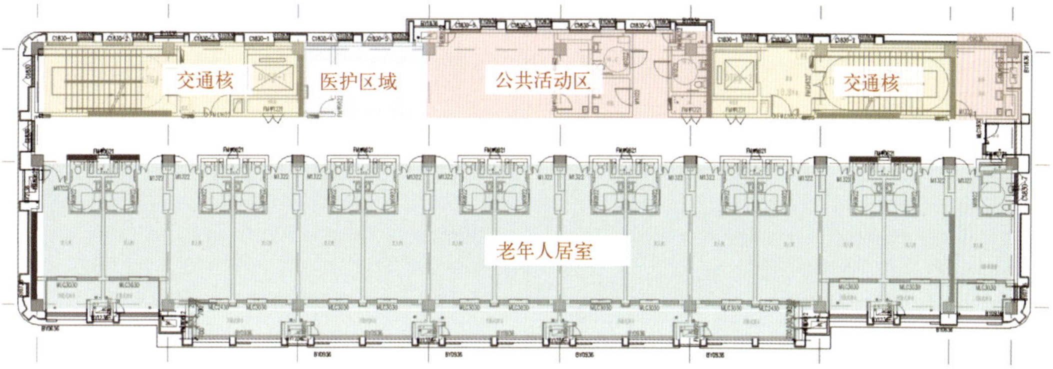

图 2-13　标准照料单元（国投健康盐城长者公寓项目）

表 2-10　平面布局形式的影响因素

影响因素	描述
基地及周边环境	用地的建筑红线范围及基地周边环境会对平面布局的形式产生较大的影响。例如，基地的大小和形状、周边建筑物的高度、道路交通状况等都会影响平面布局的设计
建筑体块	建筑体块的推敲是平面布局设计的重要环节，决定了不同功能区域如主入口、护理单元、公共活动区等的相对位置和尺寸。建筑体块的设计需要考虑可达性、便利性和安全性
日照要求	日照是影响建筑内部空气质量和室内采光的重要因素，居住单元的平面布局设计需要充分考虑日照要求
护理单元的组合形式	不同护理单元的组合形式会影响平面布局的设计，常见的有长条形和环形。长条形的设计适合于线性布局，环形设计则适合于集中式布局，需要根据不同的护理单元组合形式进行调整
可达性和便利性	老年人往往行动不便，在进行标准层平面布局设计时应当考虑到老年人的可达性和便利性，合理安排走廊、电梯、扶手等设施

表 2-11　平面布局设计要点

设计要点	描述
老年人居室	老年人居室的日照条件非常重要，南侧的阳光比其他方向更充足，因此布置老年人居室时应尽量选择南侧的房间。若条件有限，也可以选择布置在东、西向。要注意的是，北侧的房间阳光较少，湿度高，容易产生寒冷和阴冷的感觉，不适宜老年人居住
医护区域	包括医疗室、药房、护理室等配套服务空间，可布置在北侧或其他日照条件较差的位置
公共起居室	包括休闲区、会客区、访客区等，与老年人居室布置原则一致，应布置在日照条件好的位置

续表

设计要点	描述
交通空间	合理安排走廊、电梯、扶手等设施。疏散走道、楼电梯在满足防火疏散要求的条件下尽量布置在北侧或其他日照条件较差的位置。同时，公共起居室与医护区域应和老年人使用的电梯邻近

表 2-12　平面布局形式

形式	描述	图例
一字型平面	一字型平面由一条线性走廊组织起两侧的房间，南侧是老人居住空间和公共起居室，北侧则是护理站、管理室等服务用房和电梯。这种布局适用于较为健康、自理能力较好的老人，不过当平面过长时，会导致服务动线过长，影响服务效率	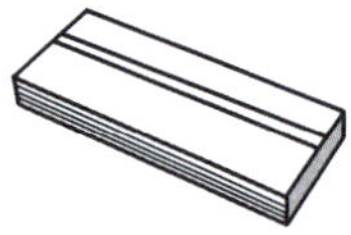
U 型平面	U 型平面由多排一字型平面南北串联而成，形成 U 形、工字形或王字形的平面。串联部分可作为公共活动空间，并设置交通和辅助用房。这种布局适用于较大规模的养老建筑	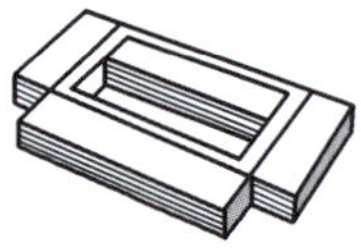
口字型平面	口字型平面利用环形走廊将老年人居室和主要活动空间连接起来，老人可以在走廊上漫步，适合老人常常徘徊的行为特点。中部围合庭院为老人提供安全的室外活动空间。这种布局高效，能有效提高土地使用率，适用于多层养老建筑，特别适合对房间数量要求较多、护理需求较高的失能和失智老人	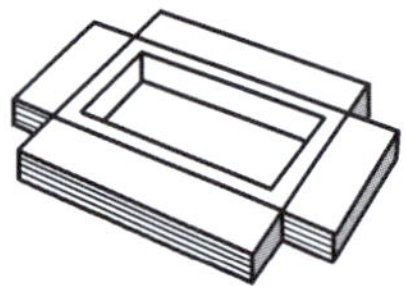
组团式平面	组团式平面布局以小规模的护理组团为单位，围绕护理站和公共活动空间形成布局。每层建筑都可以有多个护理组团，但护理组团不宜过大。这种布局适用于护理需求较高的失能和失智老人。考虑到光照和朝向要求，通常采用半包围式布局，将老年人居室设置在南侧和东侧，中部设置起居空间和活动区域	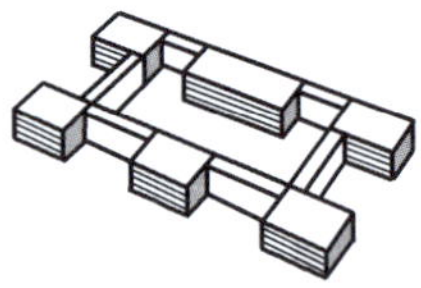

2.4 建筑风格

随着老年人年龄的增加，认知等生理机能开始衰退。为了提高空间的可识别性，建筑需要具有特殊性和标志性，让老年人能够容易地辨认和记忆。在提高可辨识度的同时，建筑的外观和形式也应该符合老年人的审美和心理需求。

由此，建筑的风格选择就显得尤为重要，以下将着重介绍新中式风格、现代风格在养老设施建筑中的设计应用。

2.4.1　新中式风格

（1）风格特点

新中式风格的养老建筑巧妙地融合了传统中式建筑元素与现代设计理念，通过庭院布局、自然材料的运用以及屋檐、窗格等细节的现代化处理，创造出既具文化内涵又适应现代生活需求的居住环境。注重景观设计，结合池塘、假山等元素，营造出宁静怡人的氛围。同时，现代化的设施和无障碍设计确保了老年人的便利性和安全性，提供了一个舒适、优雅且功能齐全的养老空间（图 2-14）。

（2）设计原则

新中式建筑以简洁、自然融合、和谐为美学原则，强调建筑与自然的融合，注重空间的开放感和流畅性。新中式建筑庭院布局借鉴传统中式建筑的四合院或园林布局，形成内外空间的互动，提供一个安静、舒适的居住环境。

图 2-14　苏州姑苏雅集

新中式建筑常使用木材、石材等自然材料，结合现代工艺，既保留传统质感，又具备现代建筑的耐久性和环保性。屋檐、斗拱、飞檐、窗格等传统中式建筑元素在新中式建筑中得到现代化处理，保留文化特色，同时简化繁复的装饰。结合中式园林的设计理念，注重自然景观的引入，如池塘、假山、花木等，营造出宁静、怡人的居住氛围。

（3）重点部位设计（表 2-13）

表 2-13 新中式风格重点部位设计

部位	描述	图示
屋顶	采用坡顶、深挑檐，同时可以选用现代材料，营造轻盈深远的屋顶效果	
墙体	在使用现代材料（例如玻璃、钢筋混凝土等）的同时可以采用木材、竹子等传统材料，保持自然朴素的风格	
内部空间	注重光线和通风，采用推拉门、折叠门等设计，使空间更加灵活多变	

续表

部位	描述	图示
庭院	重点设计庭院、灰空间，营造出开放、舒适的居住环境	

2.4.2 现代风格

（1）风格特点

现代风格的建筑设计追求简洁、实用、高效和科技感，主张建筑师摆脱传统建筑形式的束缚，大胆创造适用于工业化社会条件要求的崭新建筑，突出线条和空间的感性与理性表达，注重材料、色彩和光影的运用，强调现代科技和生活方式的完美结合（图 2-15）。

图 2-15 法国依赖性老人之家及养老院

（2）设计原则

现代风格以注重功能性和实用性为设计原则，强调简洁、实用、功能性和现代感，追求清新、自然的空间氛围，体现高科技、智能化和人性化的设计理念。具体表现在建筑体块明确、造型简洁、色彩鲜明。多用钢、玻璃、混凝土等现代建筑材料。室内设计通常采用白色和灰色等浅色调，注重线条和形状的简洁和流畅。

（3）重点部位设计（表 2-14）

表 2-14　现代风格重点部位设计

部位	描述	图示
出入口	简洁大方，突出现代感	
立面	采用大面积的玻璃幕墙，营造出宽敞、明亮、通透的空间感	

续表

部位	描述	图示
内部空间	空间布局开放，减少不必要的隔断，增强通风和视野效果	

第3章

居住空间设计

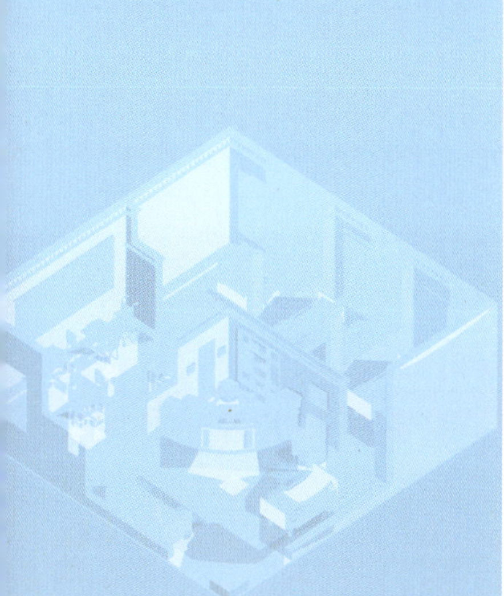

CHAPTER 3

不同类型老人对居住空间的需求有所区别。活力老人对居住空间的个性化需求较强，对医疗护理的需求较弱；失能老人则对医疗护理有着较强的需求，对居住空间的个性化需求相对较低；失智老人对医疗护理和个性化的需求介于前两者之间，但由于存在认知障碍，对居住空间有着特殊的设计需求（图 3-1）。因此居住空间适合采用模块化、标准化的设计方法，将居住空间拆分成不同的功能模块，根据不同类型老人的需求，对每个功能模块进行标准化设计。

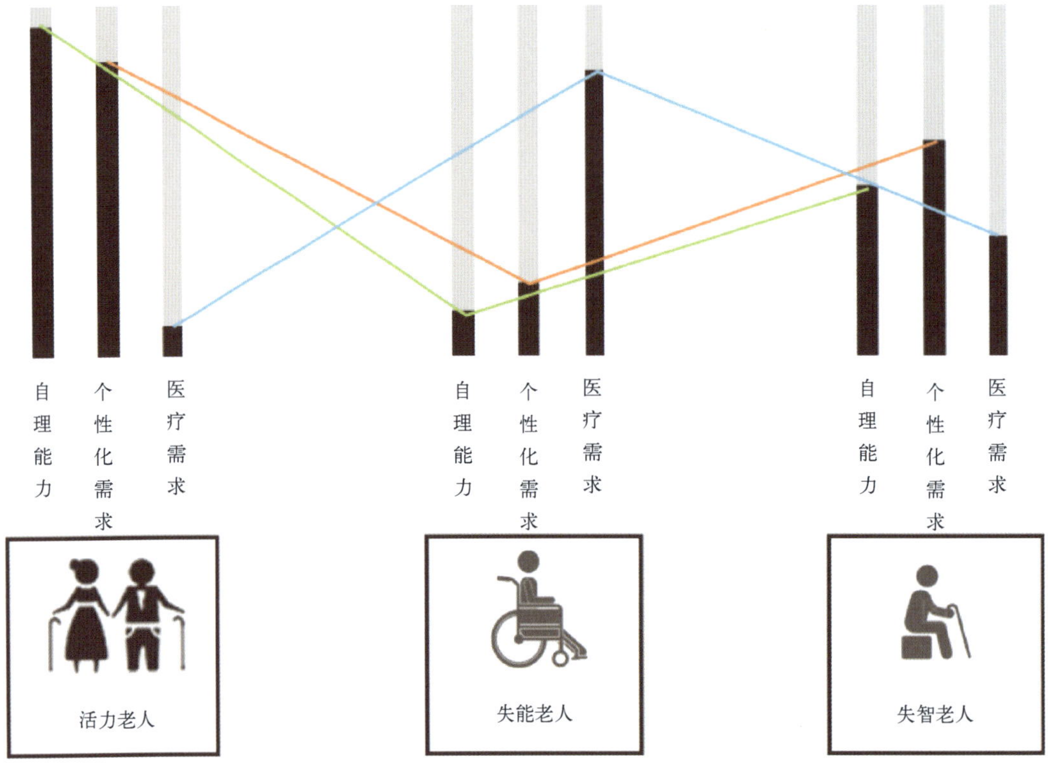

图 3-1 三类老人对居住空间需求的区别

如表 3-1 所示，居住空间主要分为三大模块，分别是居室模块、护理站模块、公共起居室模块。本章将采用模块化设计的方法，将居住空间的复合功能拆分成单一功能，便于精细化研究每个子项模块。

表 3-1 三类老人对居住空间功能模块的配置需求

老人类型	居室模块	护理站模块	公共起居室模块
活力老人	○	△	○
失能老人	○	○	○
失智老人	○	○	○

注：○为应配建项目；△为根据实际情况按需配建项目。

3.1　老年人居室

3.1.1　面宽选择

居室模块大致分成三个功能区，分别为卧室、卫生间、厨房。三类老人的行动能力和需求有所不同，其居室模块设计要点也有所不同，需要根据老人类型来进行差异化设计。在研究具体的设计要点之前，还需先对卧室的面宽展开研究，选取其中适宜的面宽，作为各居室模块的通用面宽，便于以后开展各居室模块之间的迭代设计研究。

如表 3-2 所示，随着老年人居室的面宽从紧凑型到舒适型逐渐变化，面宽的变化范围约为 3000 ～ 4200mm。居室面宽由“家具尺寸＋通行尺寸”计算得出，面宽不同，对应的柱跨也不同，既影响着居室平面布置，也影响着地库车位排布的经济性。

从居室平面布置和柱跨的经济性两方面来考虑：面宽为 3000mm 时，柱跨较小，床只能侧面靠墙摆放，居室平面布置受尺寸限制较多，灵活性较差；面宽为 3300mm 和 3600mm 时，地库车位布置较为浪费，柱跨较为不经济；面宽为 4200mm 时，床尾通行距离 1300mm 较为浪费，柱跨偏大。因此，本章选用 3900mm 面宽作为各居室模块的通用面宽，来研究三类老人的居室空间细部设计要点。

表 3-2　居室面宽分析　　单位：mm

面宽	3000	3300	3600	3900	4200
面宽构成	900（床宽）+1600（轮椅回转空间）+300（窄家具宽度）	2100（床长）+1000（床尾通行宽度）	2100（床长）+1000（床尾通行宽度）+300（窄家具宽度）	2100（床长）+1000（床尾通行宽度）+600（宽家具宽度）	2100（床长）+1300（床尾通行宽度）+600（宽家具宽度）
示意图	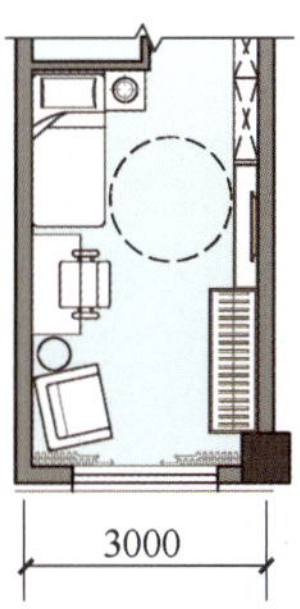	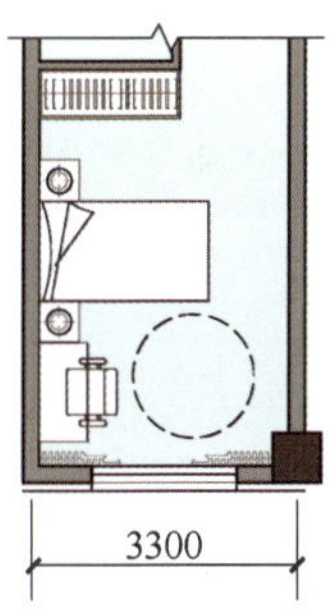	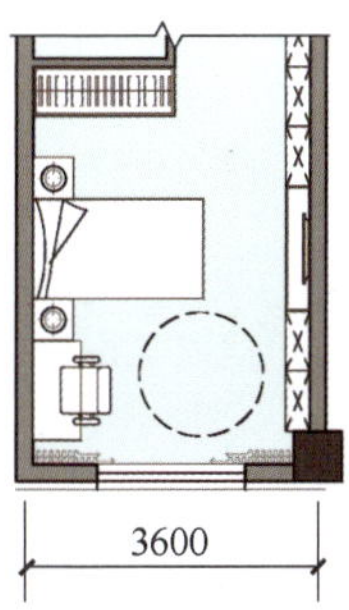	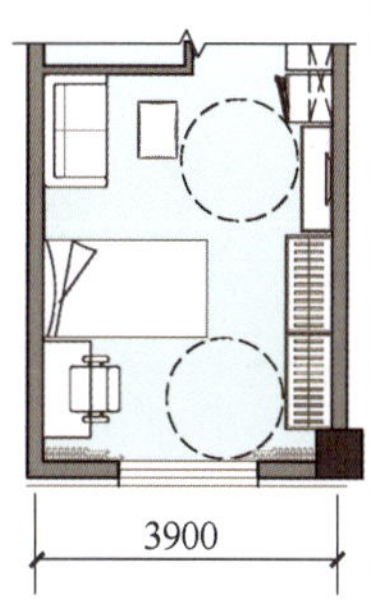	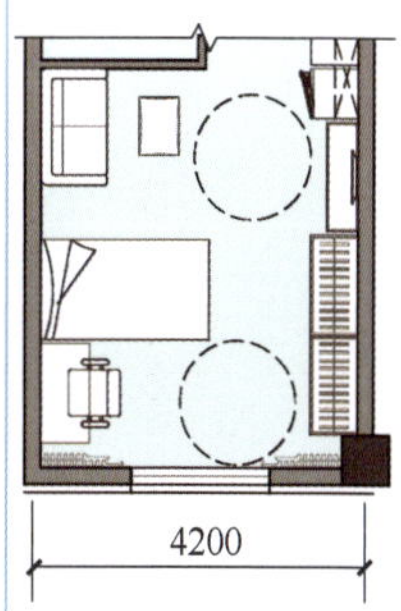

续表

柱跨尺寸	3000×3=9000	3300×3=9900	3600×2=7200	3900×2=7800	4200×2=8400
	①9m柱跨可以布置3排车位；②面宽较小，居室布置受尺寸限制，灵活性较差	9.9m柱跨较大，布置3排车位较为浪费	7.2m柱跨不能布置3排车位，较为浪费	①7.8m柱跨刚好布置3排车位；②面宽适宜	①8.4m柱跨可以布置3排车位；②面宽偏大，床尾通行宽度1300mm较为浪费
地库车位排布	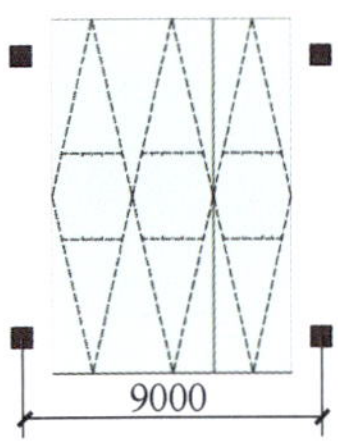	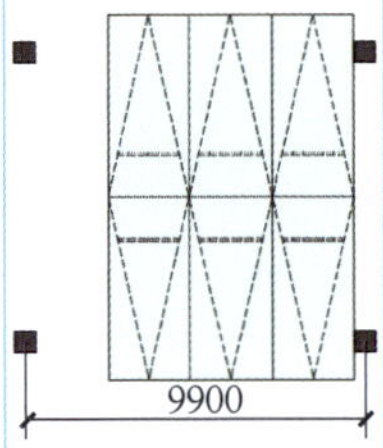	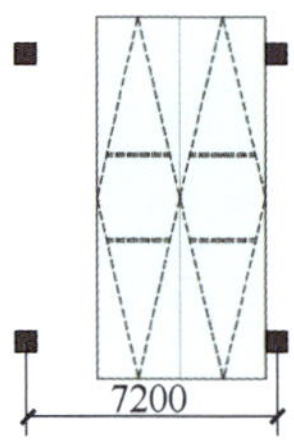	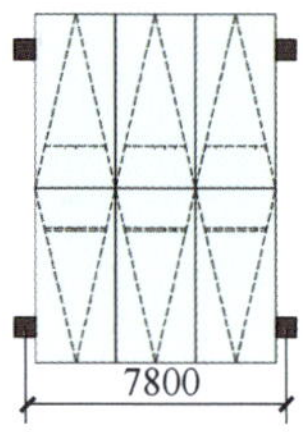	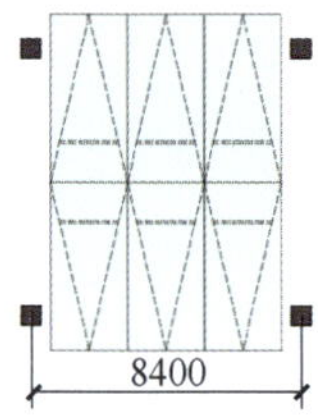

注：面宽构成中还包含200mm墙体厚度。

3.1.2 模块设计要点

3.1.2.1 活力老人居室设计

活力老人在功能需求上，通常要求居室空间宽敞、设施齐全，便于独立生活。在居住人数上，活力老人有独自入住、夫妇二人同住、与亲戚朋友结伴入住等不同的情况，活力老人的居室类型也相应地分为双人标间、单人标间。当结伴入住的老人对会客休闲的需求较高，或者希望各自有独立的卧室时，可将2间标间拼合，组成双人套间、双拼套间。因此，活力老人的居室模块可分为单人标间、双人标间、双人套间、双拼套间4种。这4种模块选用的面宽均为3900mm，进深均为8100mm，具备相互转换的条件，便于根据入住老人的实际情况进行转换使用（表3-3）。

表3-3 活力老人卧室模块类型

老人类型	基本模块		升级模块	
活力老人	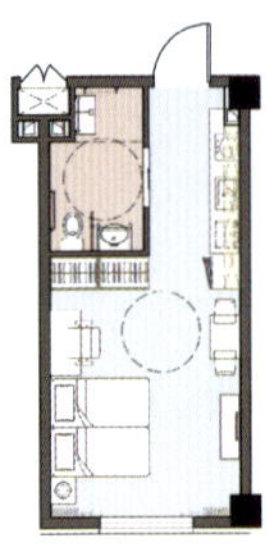	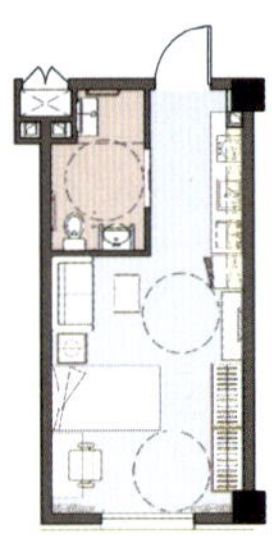	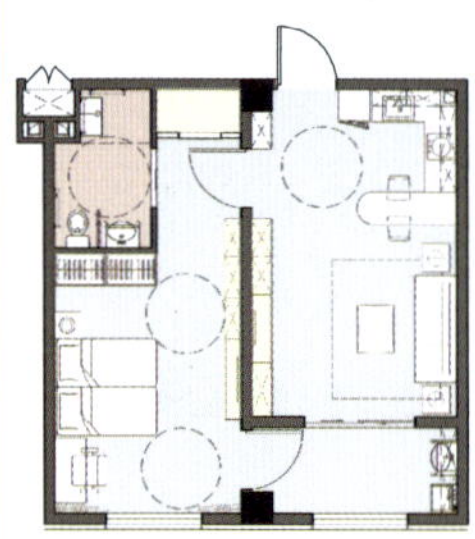	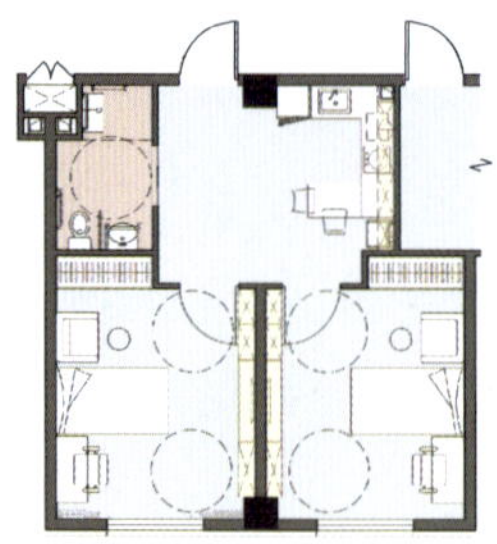
	双人标间（RA1）	单人标间（RA2）	双人套间（RA3）	双拼套间（RA4）

双人标间在我国目前的养老设施当中较为常见，适合夫妇、亲友或性格相宜的老人结伴居住。两位老人相互陪伴的同时，也能兼顾经济性。双人间居室使用面积不应小于 16m^2。卫生间门净宽不得小于 900mm，湿区（淋浴间）设排水槽与干区分隔开，做到干湿分离，避免老人滑倒。厨房区冰箱布置未限定尺寸，可适应未来市场上冰箱尺寸的变化。居室配置可轻便移动的小型家具，便于根据老人需求灵活布置。睡眠区可根据老人需求，布置双人床或 2 张单人床。2 张单人床既可紧靠布置，也可分开布置，避免 2 位老人因生活习惯不同而相互打扰。居室外窗选用可 180° 内开内倒的窗户，不影响室内空间使用（图 3-2）。

单人标间主要面向丧偶后单独入住养老设施，或对私密性要求较高的老人。单人间居室使用面积不应小于 10m^2，居室内可分为厨房区、卫生间、会客休闲区、睡眠区、办公学习区。厨房区布置冰箱、单槽水池、切菜区、单灶电磁炉，符合“拿—洗—切—烧”的操作流线。卫生间一般设置盥洗池、坐便器、淋浴间三件套，三件套旁均设紧急呼叫按钮（带防水扣板）。会客休闲区设置可灵活移动的多功能桌，兼做餐桌、茶几、麻将桌等；沙发宜兼做单人床，便于家人看望或陪护老人时使用。睡眠区建议配备宽度 900mm 的护理床、1200mm 和 1500mm 的单人床供老人选用。办公学习区配置的办公桌，既提供书写空间，又可提供床边的置物和撑扶台面（图 3-3）。

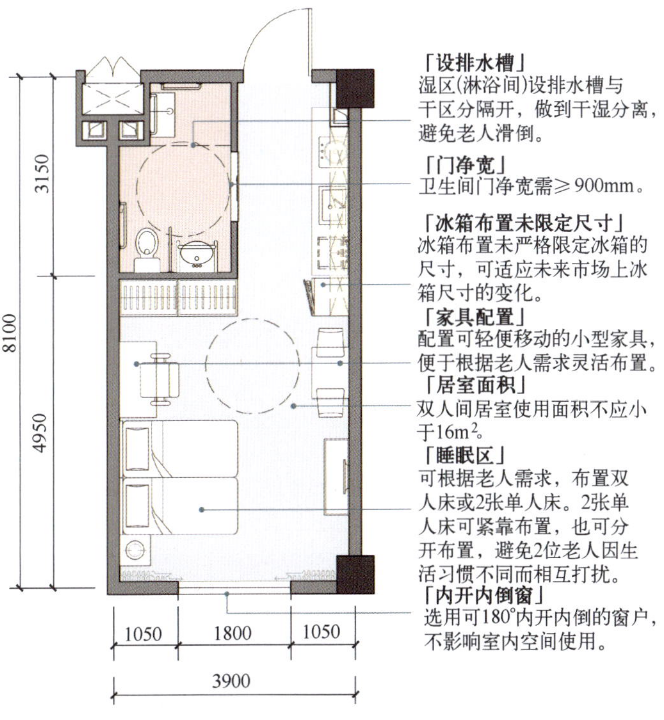

图 3-2 双人标间设计要点[1]

---

[1] 本书图中尺寸若无特别说明，均以 mm 为单位。

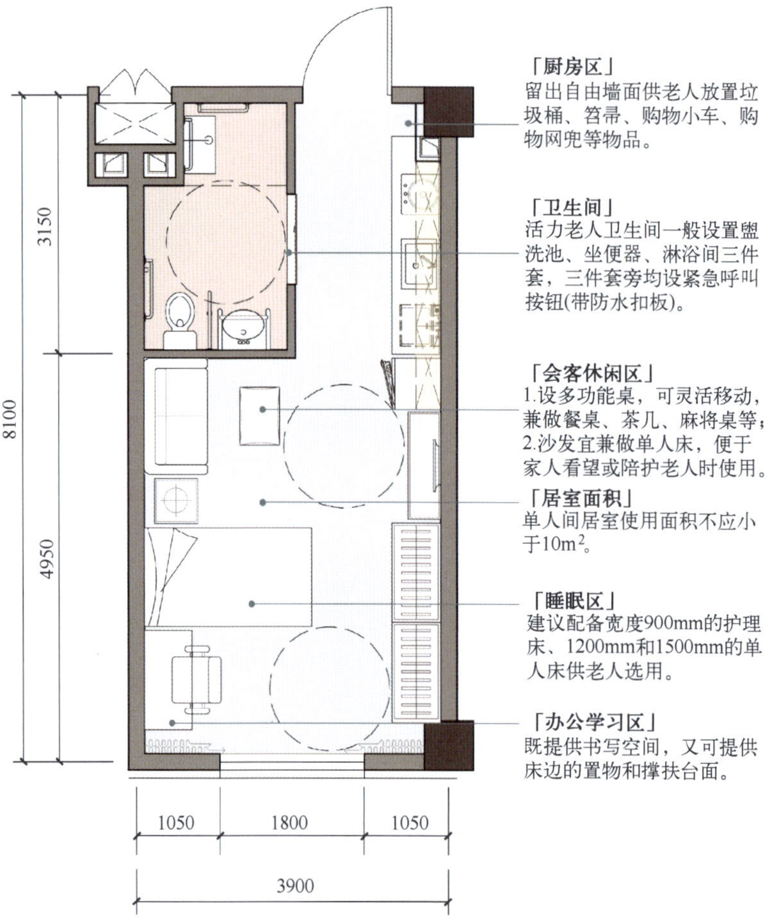

图 3-3 单人标间设计要点

双人套间适合对会客休闲的需求较高，且经济条件较好的活力老人。居室配置大型储物空间，老人可储存箱子、小推车、熨衣板等大件物品。考虑到选择入住养老设施的老人基本不怎么自己做饭，厨房区缩短固定的台面，选用可灵活移动的桌子插入，活动桌子既可作为厨房的台面，又可兼做餐桌使用，厨房空间灵活度大。居室内设置环形交通流线，流线顺畅且通风好，后期居住者转变为失能老人时，环线也便于轮椅活动。由于大部分老人不舍得扔旧物，居室需要设置足够的储藏空间，老人的食品、卫生用品、学习用品等宜分区储藏。居室还宜在阳台设置清扫工具储存区，防止清扫工具绊倒老人（图 3-4）。

双拼套间主要适合结伴入住设施的老年夫妇或关系亲密的一对老人，特别是一个身体稍好、另一个需要照护的状况。双拼套间比双人套间节省面积，节省的面积可作为公共储藏间或卫生间。居室在共用餐厨区预留足够空间，提供了活动交流空间。居室设置双独立卧室，既保证了私密性，避免了相互打扰，又能增进老人间的交流、营造良好的居家氛围。床头设置紧急呼叫装置，保证老人躺在床上伸手可及（图 3-5）。

图 3-4　双人套间设计要点

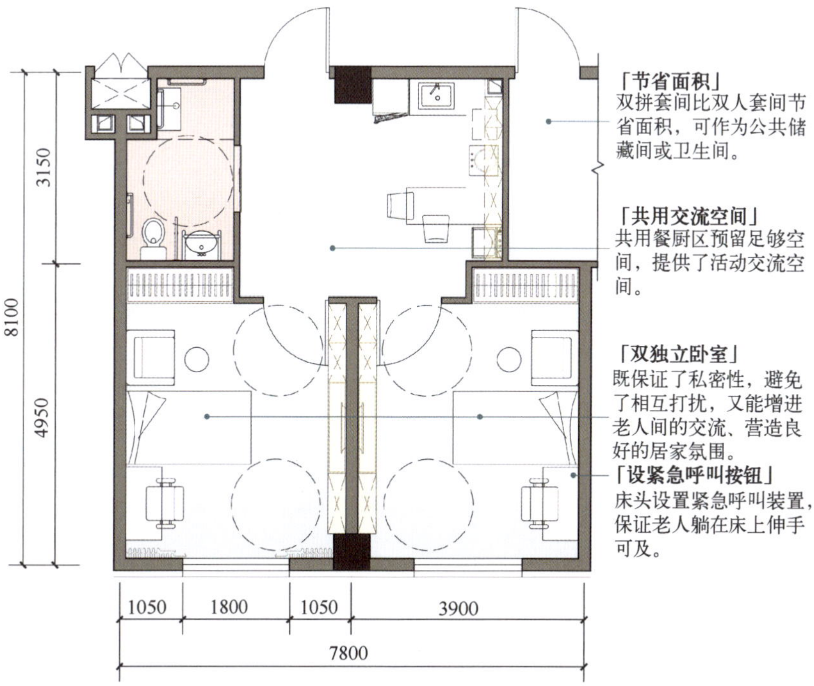

图 3-5　双拼套间设计要点

3.1.2.2 失能老人居室设计

失能老人由于行动能力较差，在功能需求上通常希望居室内的行动流线畅通，设备使用安全便利，满足无障碍设计要求。在居住人数上，失能老人一般独自入住，但考虑到照护效率，居室类型一般分为介护介助双人间、介护介助四人间、介护介助六人间等。随着老人照料护理需求升高，居室居住人数也逐渐提高。将老人集中起来照护，虽然私密性较差，但缩短了护理人员的服务动线，有利于提高服务效率，可让老人得到更加及时周到的护理服务（表 3-4）。

表 3-4 失能老人卧室模块类型

老人类型	基本模块	升级模块	
失能老人	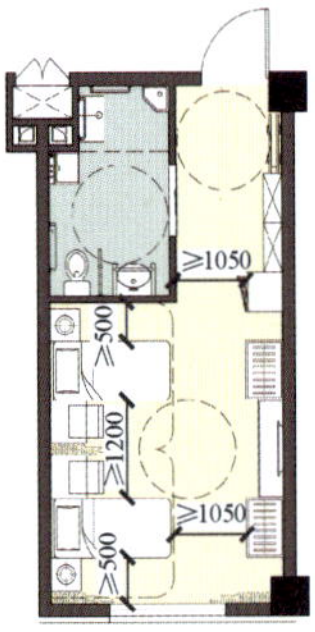	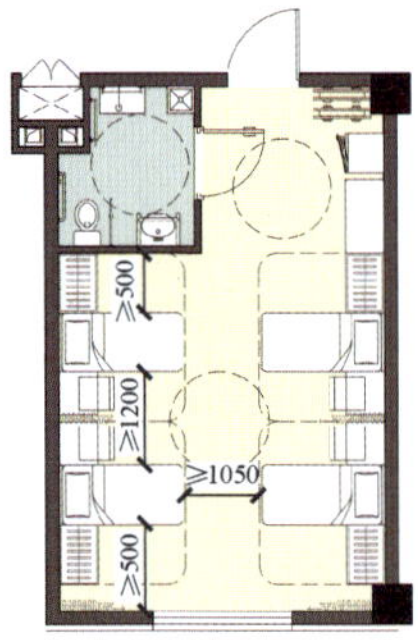	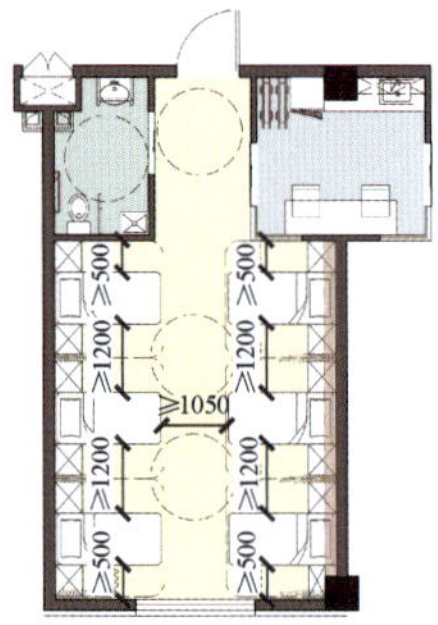
	介护介助双人间（RB1）	介护介助四人间（RB2）	介护介助六人间（RB3）

介护介助双人间宜在卧室区域居中设分隔帘，将卧室分为两个相对独立的区域，避免老人因生活习惯不同而相互影响。居室入口处宜预留自由墙面，可作为轮椅存放空间。居室家具宜减少种类，可使家具统一化，以具有万能适用性，既利于前期备货，又方便后期补货，可节约养老设施的运营成本。双人间的家具宜配双份，避免老人因共用家具引起矛盾（图 3-6）。

介护介助四人间床位数较多，宜通过帘子围合出每位老人相对独立、私密的生活空间。布灯宜独立分设，避免老人因生活习惯不同而相互影响。床边留有护理、急救操作空间，宽度不应小于 0.50m。乘轮椅上下床用的床侧通道宽度不应小于 1.20m。入口处配置冰箱和置物台面，用以存放药物等。介护介助四人间入住的失能老人多为长期卧床状态，卫生间建议设污洗池，方便护理员冲洗（图 3-7）。

介护介助六人间设置护理室，护理室连通 2 个居室，一方面缩短了护理人员工作动线，方便沟通协作，另一方面护理室可作为夜班护理人员的值班和休息场所，护理人员夜间值班时可兼顾两个房间的老人。护理室内配备了水池、冰箱、置物台面、办公桌等，建议预留一些自由墙面，用以存放轮椅、设备、电器。居室内主要通道的净宽不应小于 1.05m。床边设多功能组合柜，兼顾衣柜和台面的功能。床头空间可考虑兼做设备带和台面。由于老人不宜长时间卧床，需调整姿势，居室的中间区域可布置活动折叠拼桌，便于老人下床调整为坐姿，共同活动（图 3-8）。

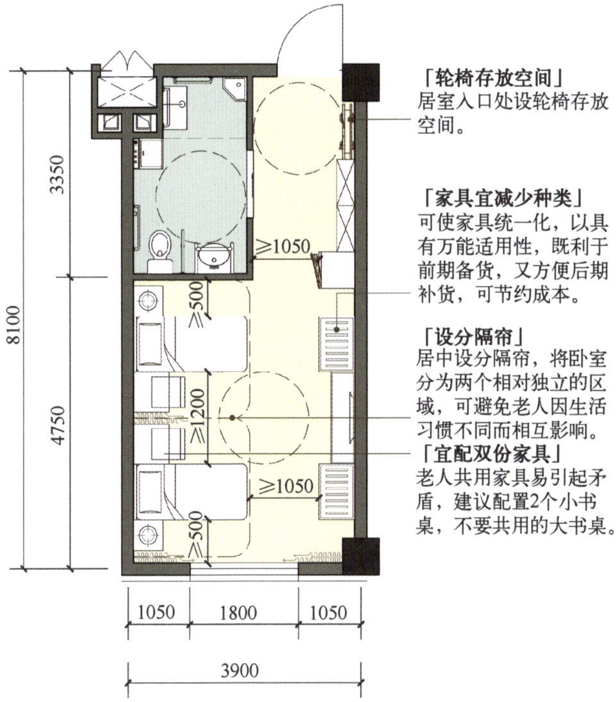

图 3-6　介护介助双人间设计要点

图 3-7　介护介助四人间设计要点

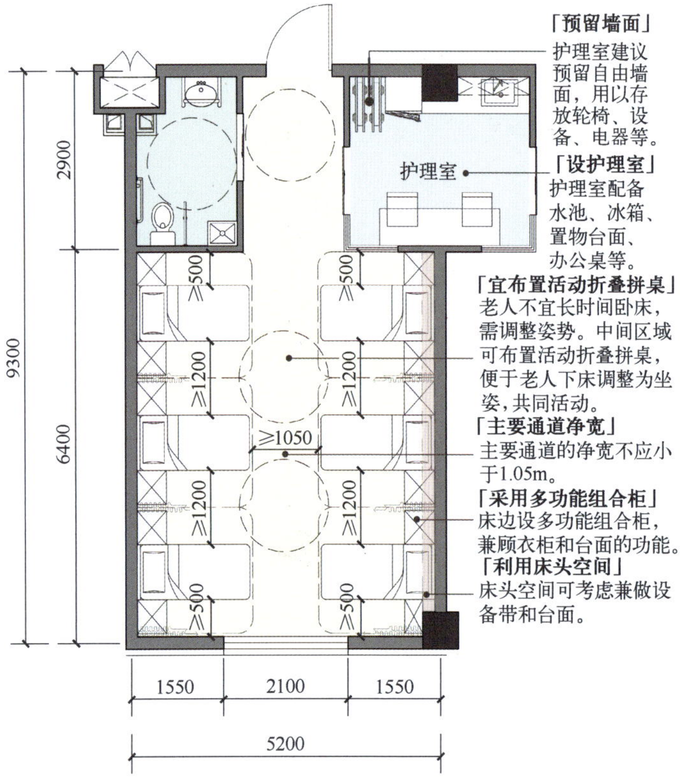

图 3-8 介护介助六人间设计要点

3.1.2.3 失智老人居室设计

失智老人由于记忆和判断能力衰退，在功能需求上对居室空间的安定感、安全感、熟悉感要求较高。在居住人数上，失智老人一般独自入住，居室类型一般为单人间。

失智老人单人间在入口处宜陈设相框、展示橱窗等用于放置老人个人物品，便于他们通过这些具有纪念意义的个人物品识别出自己的房间。门上还宜设观察窗，方便护理员及时了解老人在居室内的活动情况。居室内宜设半开敞型卫生间，易于识别的空间格局可以大大减少老人的认知负担，避免老人出现焦躁、徘徊等情况。卫生间内的浴室镜还需注意做隐藏设计，因为失智老人的记忆和判断能力出现了不同程度的衰退，易将镜中的自己误认为陌生人，进而情绪激烈波动，甚至破坏镜面，导致被镜面刮伤。卫生间还可以通过色彩对比突出卫浴洁具、扶手等设施设备，促进失智老人自主识别和使用设施设备，辅助老人进行空间认知，通常红色或黄色更容易被失智老人识别。此外还应考虑如厕动线设计，应保证老人如厕动线上的每一步都有可靠扶的支撑点，不仅包括扶手，还包括床尾侧板、床头柜、墙壁、洗手池等（图 3-9）。

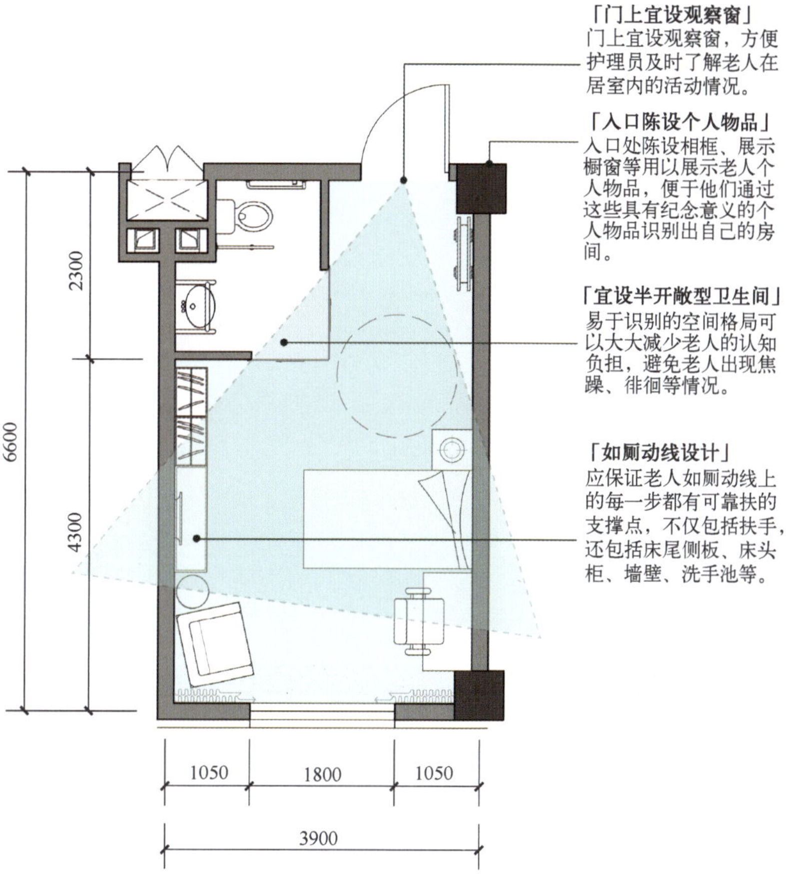

图 3-9　失智老人单人间（RC1）设计要点

3.1.3　模块迭代设计

表 3-5 对三类老人的居室模块进行了汇总，共有 8 种居室模块，种类较多。养老设施在实际运营过程中，对居室模块的类型及配比需求是动态变化的。一方面，由于生活水平的提高，老人对居住私密性及舒适度等居住品质的需求逐渐提升，此时多人间居室的配置需求下降，单人间和套间居室的配置需求上升。另一方面，入住老人的身体状况也随年龄增长而逐渐变差，对护理和医疗的需求逐渐提高，渐渐地由活力老人转变为需护理老人，此时活力老人居室的配置需求下降，失能老人居室的配置需求上升。因此，居室模块需要有一定的灵活性，预留相互间迭代转化的可能性，便于养老设施根据实际运营需求调整居室模块的类型及配比。

表 3-5 居室模块类型汇总

老人类型	功能模块			居室类型
	卧室	卫生间	厨房	
活力老人	○	○	△	双人标间 RA1 单人标间 RA2 双人套间 RA3 双拼套间 RA4
失能老人	○	○	×	介护介助双人间 RB1 介护介助四人间 RB2 介护介助六人间 RB3
失智老人	○	○	×	单人间 RC1

注：○为应配建项目；△为根据实际情况按需配建项目；× 为可以不配建的项目。

如图 3-10 所示，本书选用 3900mm 面宽作为各居室模块的通用面宽，因此三类老人的 8 种居室模块的面宽均适用于 7800mm 的柱跨。在一个 7800mm 柱跨内，活力老人的 4 种居室模块均可相互迭代转化。在两个 7800mm 柱跨内，失能老人的 3 种居室模块可相互迭代转化。活力老人、失能老人、失智老人的居室之间也可迭代转化。

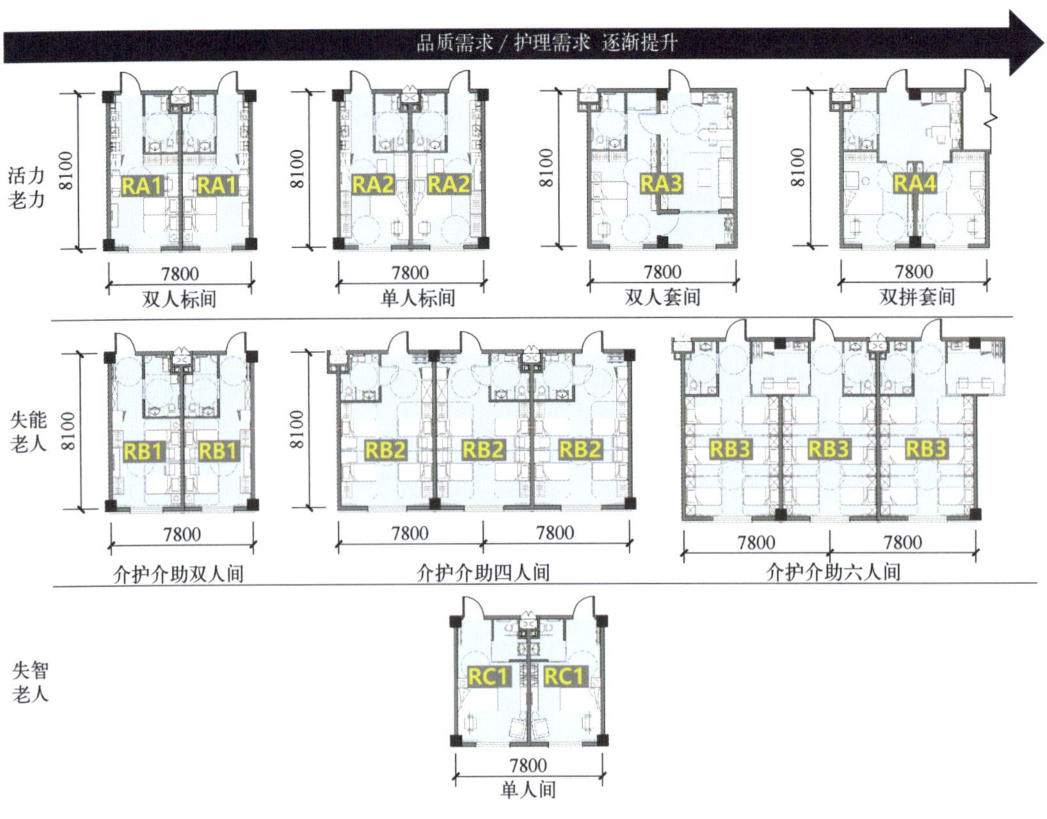

图 3-10 居室模块迭代设计

户型在设计之初为居室模块间迭代转化预留可能性是十分正确且重要的。除了统一居室尺寸外，其他的设计预留也需注意。例如，建筑结构形式尽量采用框架结构，避免布置剪力墙影响空间改造的灵活性；非承重墙布置位置需注意，便于减少后期改造的工程量；多人间居室考虑预留上下水点，便于后期改造为单人间时增加卫生间；活力老人居室的卫生间也应预留轮椅回转空间，未来可改造为失能老人居室等。

3.2 护理站

3.2.1 模块分类

护理站功能可分为办公服务功能、后勤服务功能、内部服务功能三类，针对不同类型的老人，护理站的功能空间的设计要点有所不同。按老人类型分，护理站功能模块可分为两种，其中活力老人和失能老人的模块类型为 N1，失智老人的模块类型为 N2（表 3-6）。

表 3-6　护理站功能模块分类

老人类型	功能选择			模块类型
	办公服务功能	后勤服务功能	内部服务功能	
活力老人	○	○	△	N1
失能老人	○	○	△	
失智老人	○	○	△	N2

注：○为应配建项目；△为根据实际情况按需配建项目。

3.2.2 模块设计要点

活力老人和失能老人的护理站设计要点如图 3-11 所示。首先，在位置选择上，护理站宜居中布置，临近公共活动空间，视线需开阔，方便护理员随时了解在公共区活动的老人的情况，及时提供便捷服务。其次，在流线设置上，因护理人员进出护理站较为频繁，护理站宜两端开口，设置环形动线，避免形成袋形空间。再次，在功能配置上，护理站需配备多种功能，例如电脑办公、接打电话、文件打印、警报监测、签字交接、药车停放、暂存药品、测量体重血压等，这些功能大致可分为办公服务、后勤服务、内部服务这三类。其中，办公服务区宜设高低护理台，高台可遮挡文件夹、电脑等办公物品，便于保护隐私。低台下部留空，便于老人乘坐轮椅接近，与护理员交流。后勤服务区宜设操作台面，既为老人提供药品冷藏、加热食品、清洗餐具等服务，也通过这些日常家庭化的服务为护理员与老人提供密切的交流平台。为避免错过老人的紧急救助需求，护理员工作时不宜离开老人生活区，因此建议靠近护理站设置内部服务空间，满足护理员值班休息、更衣卫浴、储藏物品等需求。

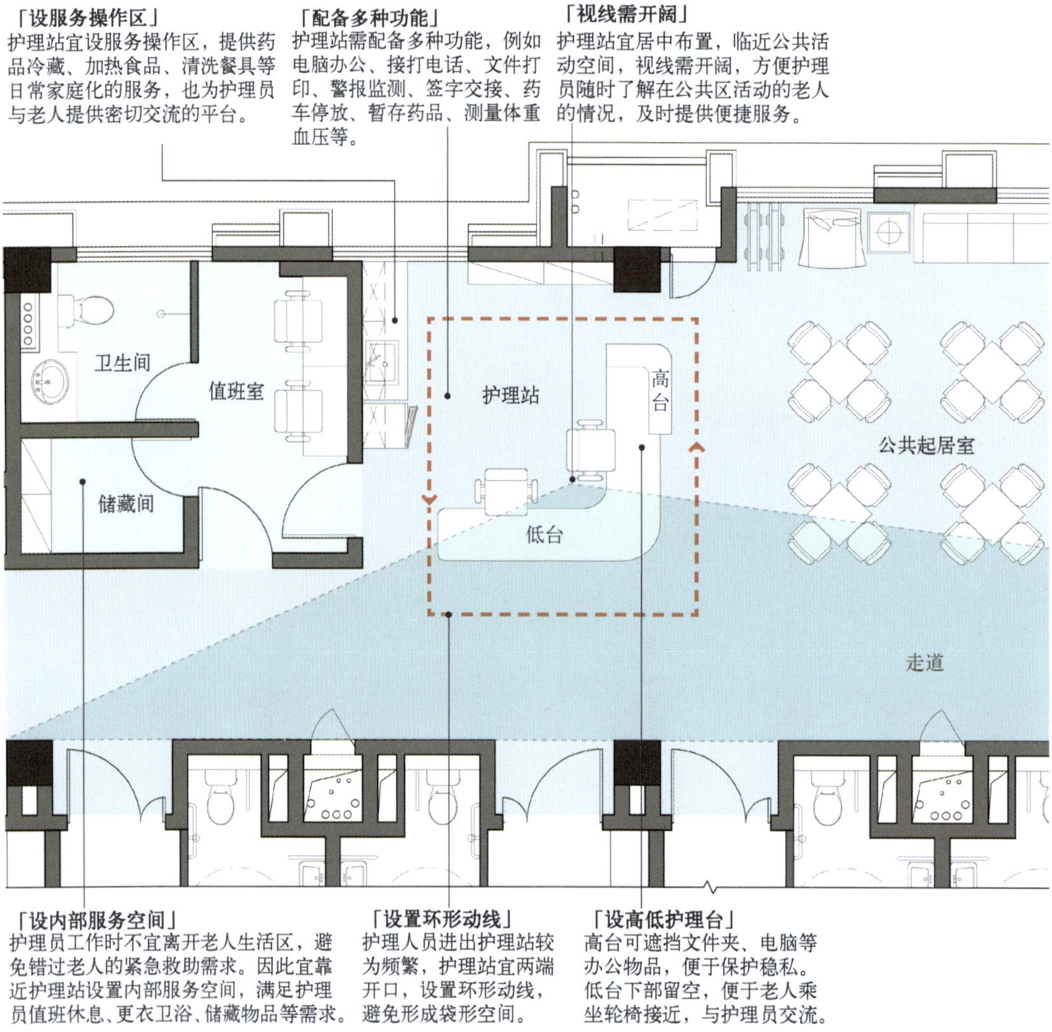

图 3-11 护理站 N1 模块设计要点（国投健康盐城长者公寓项目平面图）

失智老人的护理站设计要点如图 3-12 所示。一方面，失智老人由于记忆和判断能力衰退，易出现焦躁、徘徊等情况。护理站视线需开阔通透，便于护理员密切关注老人的行为和情绪。另一方面，失智老人在陌生环境中易感到不安、烦躁，因此护理站宜去机构化，营造家庭化氛围。可结合备餐间、墙面等设置小型化的护理站。此外，临近护理站宜设置开敞式备餐间，营造家庭厨房的氛围，鼓励老人参与餐前准备、餐后收拾等简单家务活动，提高老人的生活兴趣和自信心。

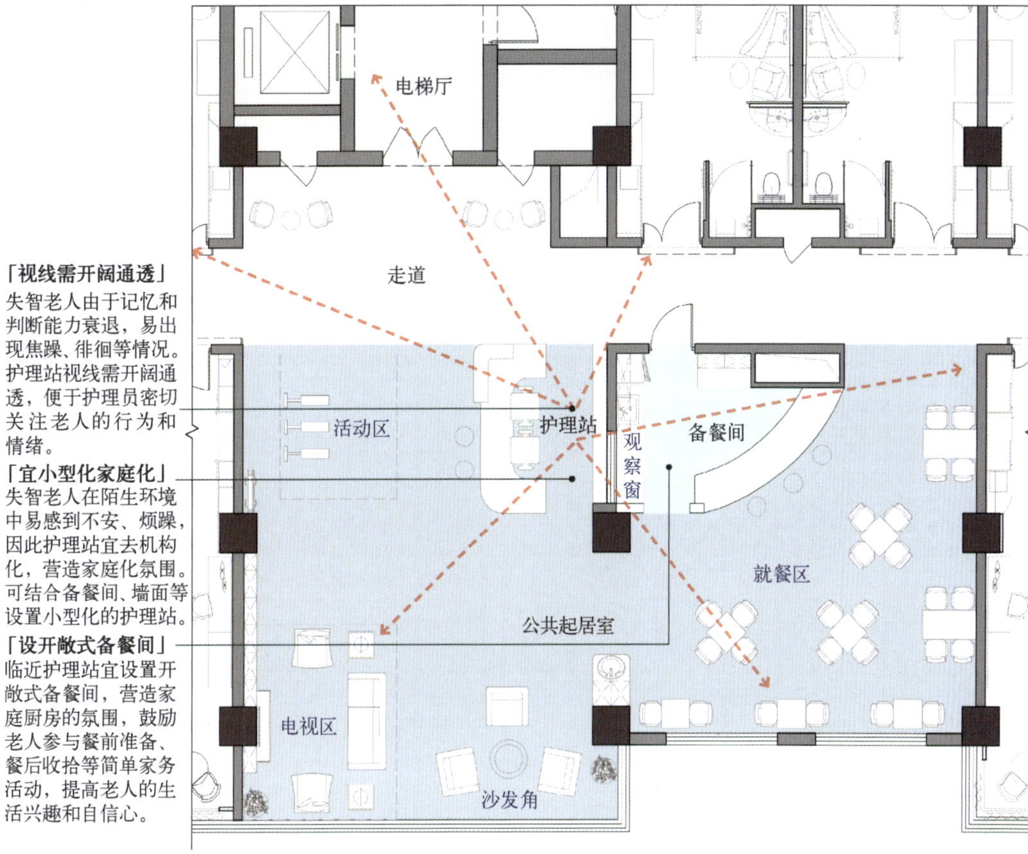

图 3-12　护理站 N2 模块设计要点（展览路国投健康养老照料中心项目平面图）

3.3　公共起居室

3.3.1　模块分类

公共起居室功能可分为用餐功能、起居功能、辅助功能三类，针对不同类型的老人，公共起居室的功能空间的设计要点也有所不同。按老人类型分，公共起居室功能模块可分为两种，其中活力老人和失能老人的模块类型为 L1，失智老人的模块类型为 L2（表 3-7）。

表 3-7　公共起居室功能模块分类

老人类型	功能选择			模块类型
	用餐功能	起居功能	辅助功能	
活力老人	△	○	○	L1
失能老人	△	○	○	
失智老人	△	○	○	L2

注：○为应配建项目；△为根据实际情况按需配建项目。

3.3.2 模块设计要点

活力老人和失能老人的公共起居室设计要点如图 3-13 所示。首先，在位置选择上，公共起居室宜靠近护理站布置，方便护理站的工作人员兼顾在公共起居室活动的老人。其次，在功能配置上，公共起居室的功能组成包含茶饮用餐、休闲交流、文娱锻炼、信息展示、轮椅暂存等，各功能区宜分区设置，这些功能大致可分为用餐功能、起居功能、辅助功能三类。其中，用餐功能空间内宜设洗漱区，由于老人在用餐前后需频繁洗手、漱口、清洗假牙等，在公共起居室就近设置洗漱区，可方便老人使用。起居功能空间宜临窗设置休闲交流区，老人可在明亮的窗边晒太阳、读报、聊天等，还宜靠窗设置文娱锻炼区，布置小型健身器械，方便老人日常就近锻炼。辅助功能空间主要为老人提供分餐、食品加热、清洗餐具等服务，可设分餐室。

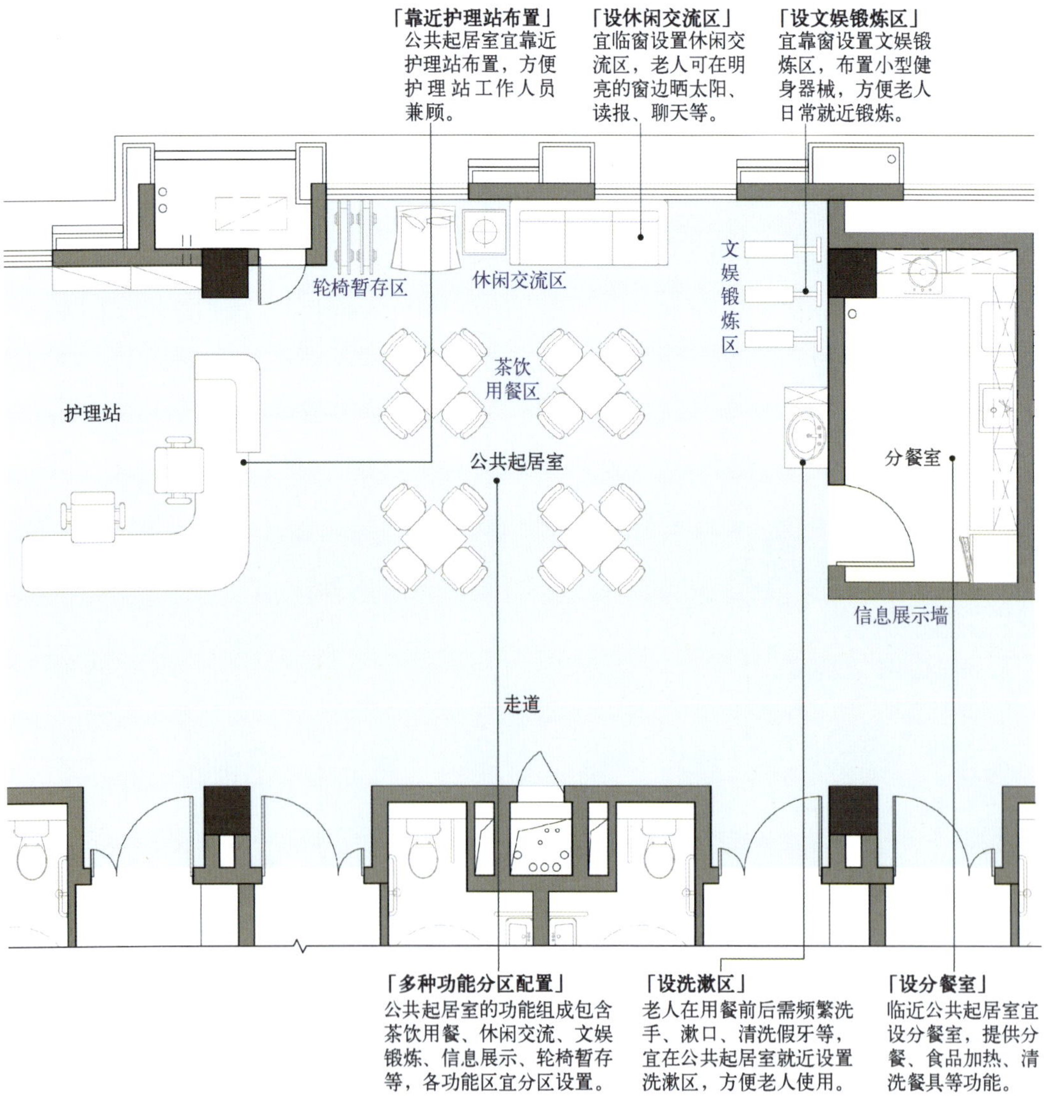

图 3-13 公共起居室 L1 模块设计要点（国投健康盐城长者公寓项目平面图）

失智老人的公共起居室设计要点如图 3-14 所示。一方面，公共起居室宜布置丰富多样的活动空间，例如就餐区、活动区、电视区、沙发角等，方便失智老人自主选择。另一方面，失智老人由于认知功能下降，在小尺度空间中活动感觉更加安定。因此各活动空间宜布置 2 ～ 5 人座椅，营造亲切适宜的交流氛围。此外，在明亮、具有安定感的窗边空间设置沙发角，失智老人既可以看到室外自然风景，又可晒太阳放松心情，有助于展开长时间亲密交流。最后，宜在电梯厅前、护理台前、备餐台前等人员频繁经过的公共空间布置座椅，失智老人在此休息时，会增加与路过人员的交流互动，有助于失智老人维持认知功能。

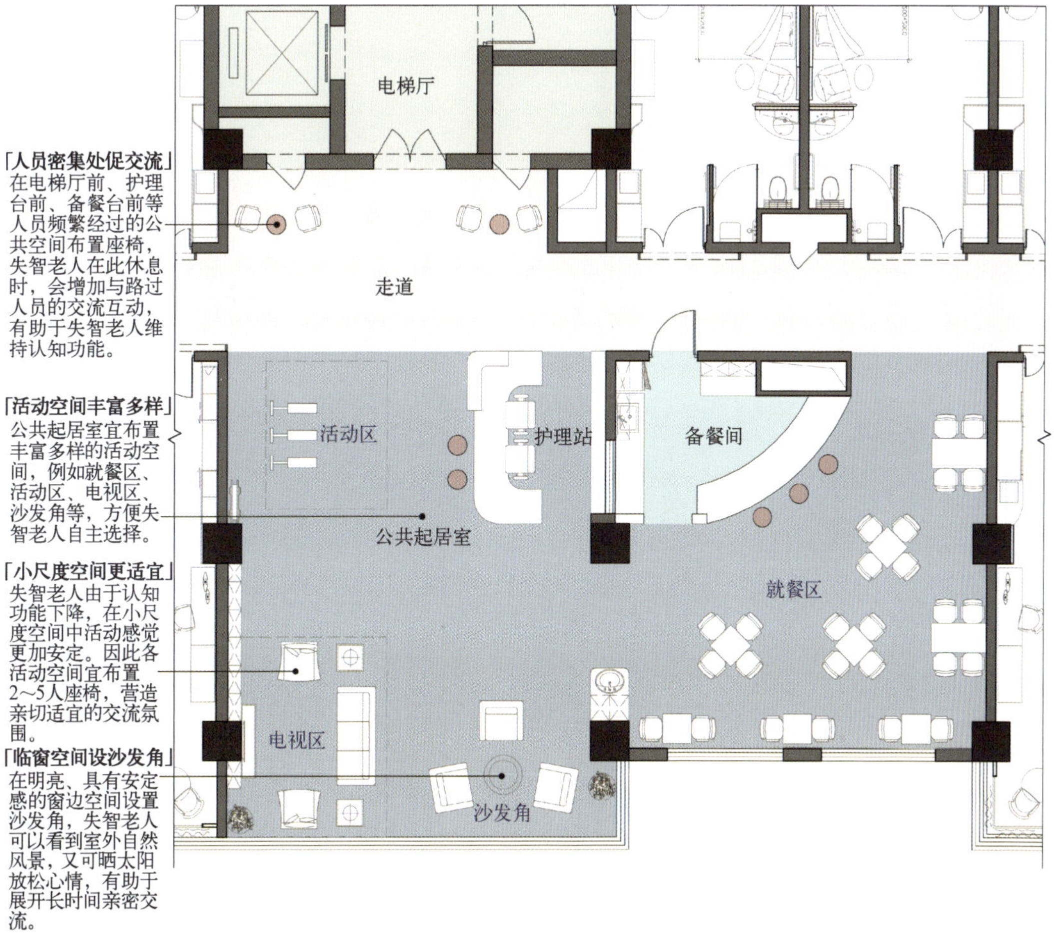

图 3-14 公共起居室 L2 模块设计要点（展览路国投健康养老照料中心项目平面图）

第 4 章

公共空间设计

CHAPTER 4

公共空间串联整个养老设施的各个功能动线，是老年人在日常生活中相互交流的重要空间，提供生活、健康、娱乐、情感等各种服务（图 4-1）。一般养老建筑中的公共空间包含公共交通空间、公共餐饮空间、公共活动空间、医疗康复空间，根据康复方式、服务对象、运营模式以及建设规模的不同，所需要的公共空间也会存在差异，同时有些功能也可以与周边服务功能合作。本章所探讨的公共空间主要指养老设施建筑底层集中布置的公共空间，居住空间配套的公共起居室不在本章的讨论范围内，此部分内容详见公共起居室部分。

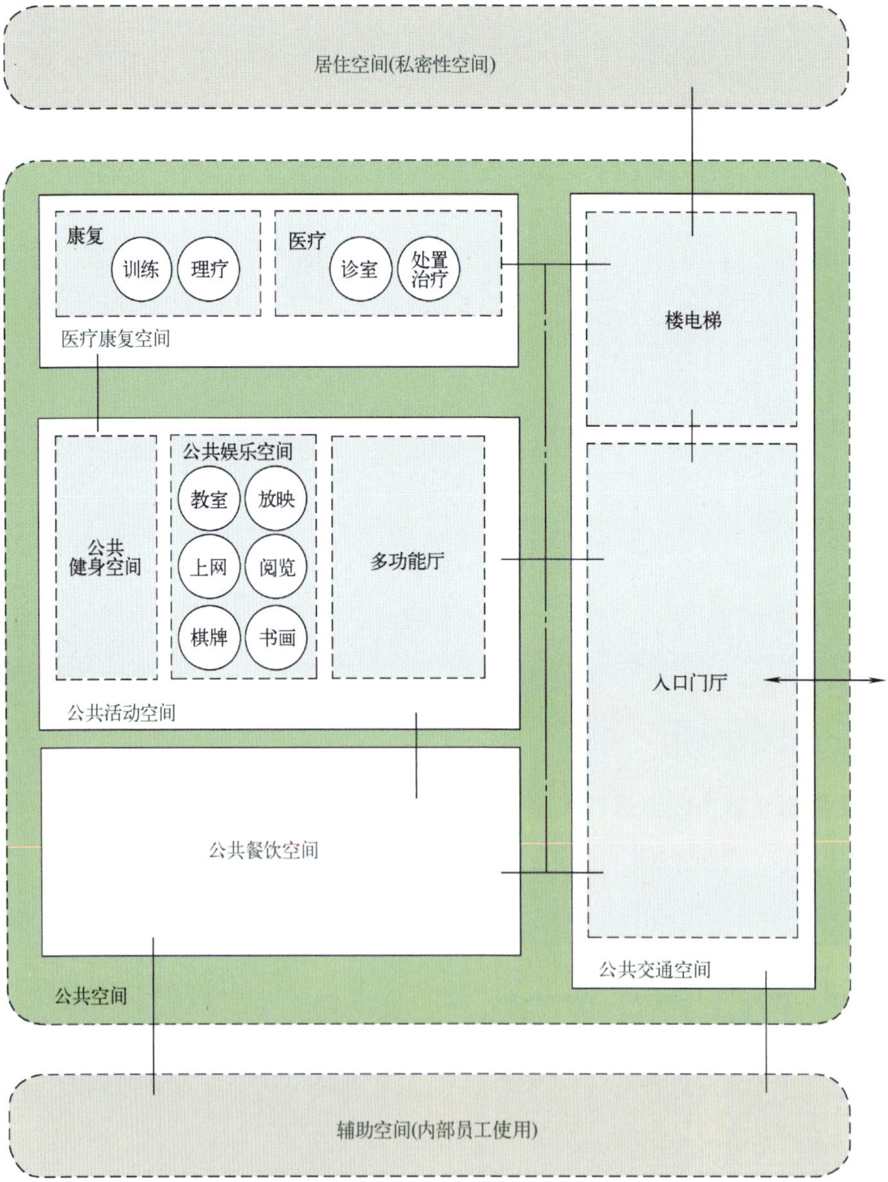

图 4-1 公共空间组织关系

4.1 公共交通空间

公共交通空间包含门厅、公共走廊、楼梯与电梯，在养老设施中占据了相当大的面积比例，需要具有良好的指向性来引导人流前往设施内的不同空间，满足不同使用人群的需求。在养老设施建筑设计中，老年人使用的交通空间引导应清晰明确，且易于识别，同时需要有系统的标识引导提示。

对于失智老人使用的交通空间，流线更应简洁连贯，避免发生危险。

4.1.1 门厅

本节所探讨的门厅空间为主入口门厅，是人群进入养老设施后的第一个空间，也是设计中的重要空间。一般布置在靠近或面向外部主要道路的位置，对外形成良好的入口形象，并可以快速导向各个主要功能区，便于人流快速分散。在门厅的设计中需要提供明确的空间引导，一般提供 2 ～ 3 个方向的引导，可以结合标识进行设计（图 4-2）。门厅主要承担着接待指引的服务功能，同时还可以兼顾娱乐、休息、展示等活动功能。

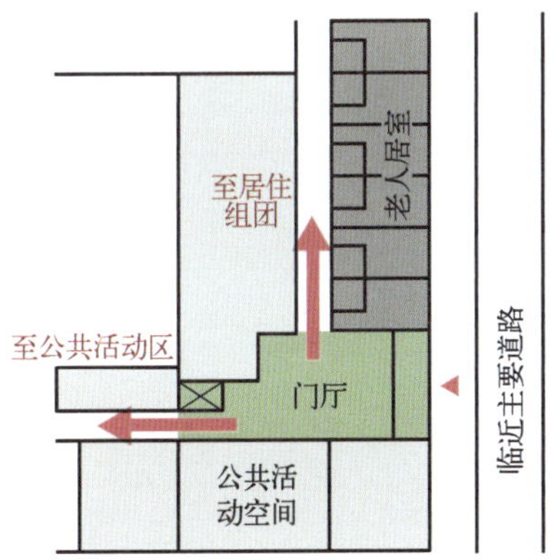

(a) 门厅位于居住组团和公共活动区之间
（两个方向引导）

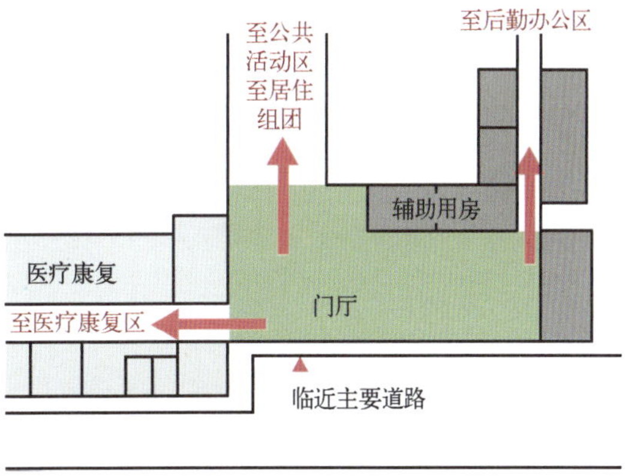

(b) 门厅位于医疗康复区和后勤办公区之间
（三个方向引导）

图 4-2　门厅的位置及空间关系

门厅作为养老设施的首要空间，需要与不同的功能空间如公共活动空间、服务后勤空间、居住空间等临近或联通，但是在实际设计中很难将所有空间都与门厅一起结合布置。一般在设计中优先与管理服务空间紧密联系，利于服务人员更好地提供帮助，营造良好的服务氛围；另外可以与公共活动空间结合设计，形成开敞灵活的空间布局。

门厅根据所承载的功能不同，一般可以分为入口区、接待区、休息区、展示区和生活服务区五个功能区（图 4-3）。

入口区主要指的是门斗区域，可以分为正面进入式和侧面进入式两种方式（图

4-4）。门斗是由建筑外部进入内部的缓冲空间，主要起到隔风保温的作用，该区域可以放置轮椅、雨伞等生活物品，同时还可以设置洗手池以方便人们在进入内部空间前洗手消毒。

考虑到有些老年人需要乘坐轮椅进出，入口的门需要采用自动门或平开门，而不应采用旋转门。为了方便轮椅通行，平开门单扇开启后，净宽不应小于 0.9m（若为改建项目，净宽不应小于 0.8m）；对于自动门，要求开启后的通行净宽不应小于 1.00m。门斗一般宜部分采用玻璃，保证内外视线的连通，同时注意需要在高度 0.85 ～ 1.50m 之间有醒目的防撞提示。另外在自动门的设计中，红外线感应区域不宜过大，在双层门之间宜留出至少 1m 宽的无感应区域，以保证隔风效果。

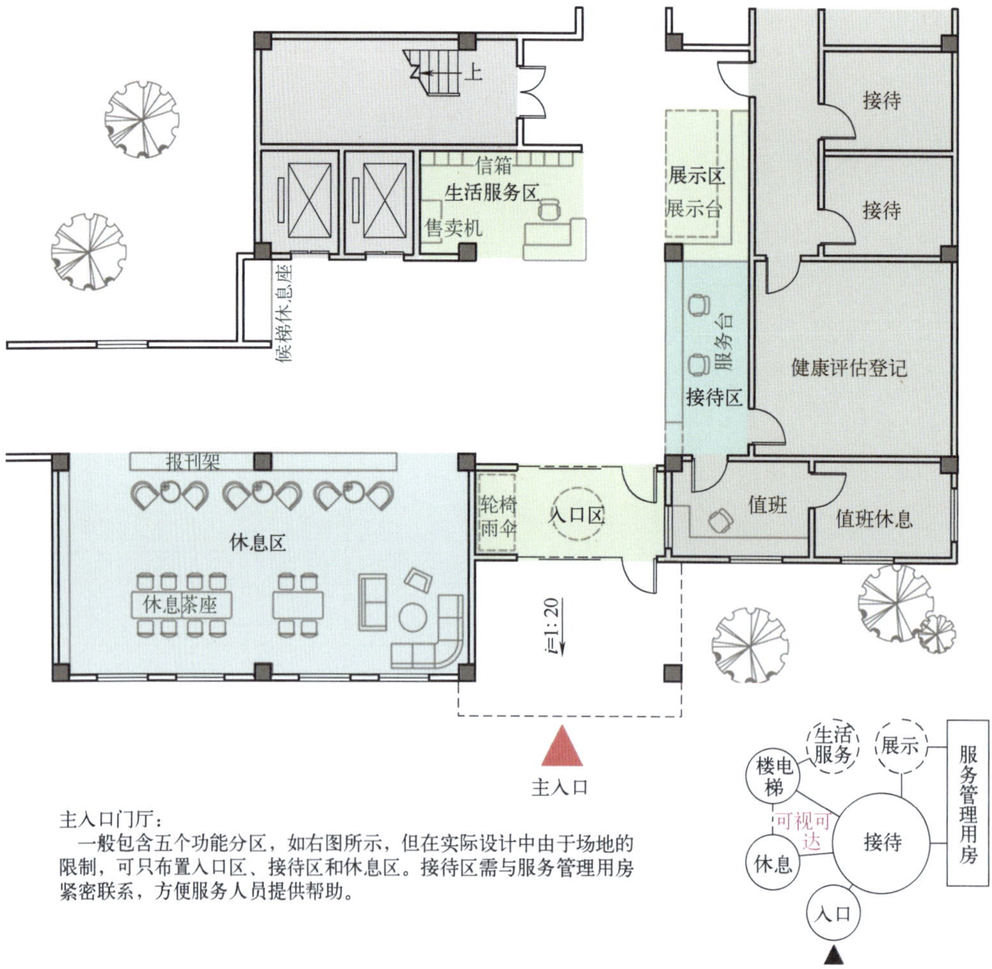

图 4-3　门厅的功能分区

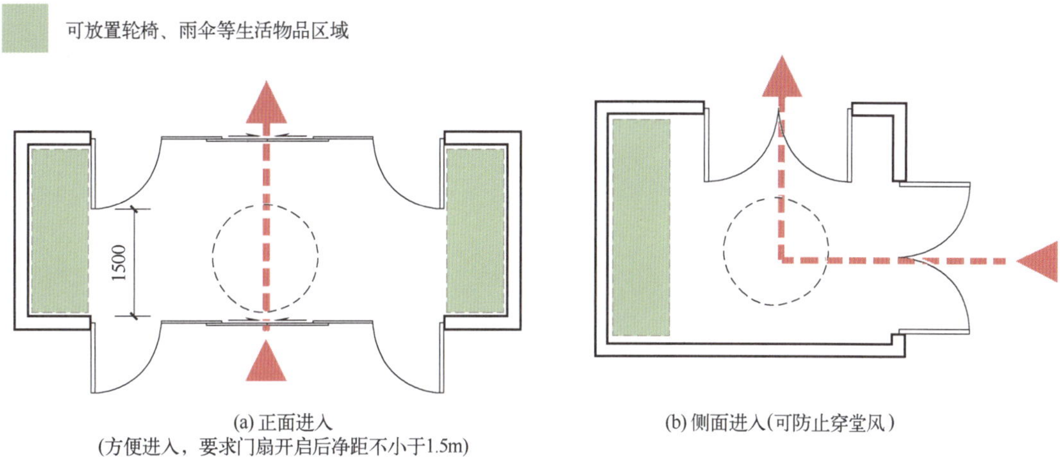

图 4-4　门斗的进入方式

接待区一般与后勤管理办公空间联系紧密，同时兼顾接待、值班等服务功能，前期还有可能需负责营销、咨询等服务。此区域需要在靠近主入口的明显位置设置服务台，方便引导和服务，服务台位置应可方便观察门厅及其周边的多个公共区域，保障老人的安全，并提供及时的服务。关于服务台的设计详见第 5 章。

在有关老年人照料设施的规范中要求入口门厅内设休息座椅和无障碍休息区，等候休息区一般临近服务台，在值班服务人员的视线和服务范围内，需要能够为老人提供一个视线通透、相对安静、可以长坐的区域（图 4-5）。此区域的家具框架应安全稳定，并方便老人坐下和起身。另外，家具在造型上角部应采用圆角，避免尖锐突起的造型磕碰、刮伤老人。门厅空间内的休息活动区可能发生的活动种类较多，所以应尽量采用轻便灵活可移动的家具，方便老人根据自身喜好和使用要求进行调整。

图 4-5　休息区效果图

门厅内也可以安排展示区，用于展示设施模型简介、老人专用设备、老人作品等，给参观人员和老人家属留下良好的印象，同时起到宣传作用。另外在老人主要活动的路径上设置信报箱、取物柜等设施，方便给老人的生活提供服务。

4.1.2 公共走廊

公共走廊是养老设施中日常使用频率最高的公共空间，该区域不仅仅是交通空间，同时还可以适当融合休息、交流、锻炼等空间功能，形成灵活多变的区域。老人经常会在走廊上相遇聊天，在设计中可以结合房间布置和走廊转角或交会处，局部放大活动空间并设置座椅，这样不仅提供了休息、交流的空间，也避免走廊过长过直给人单调乏味的感觉（图 4-6）。

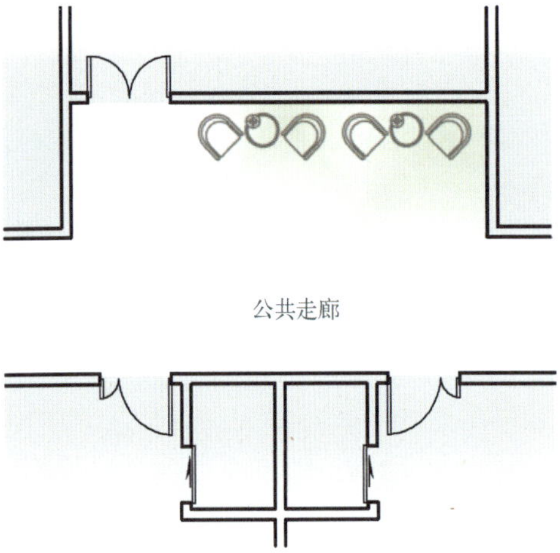

(a) 结合房间布局，局部放大

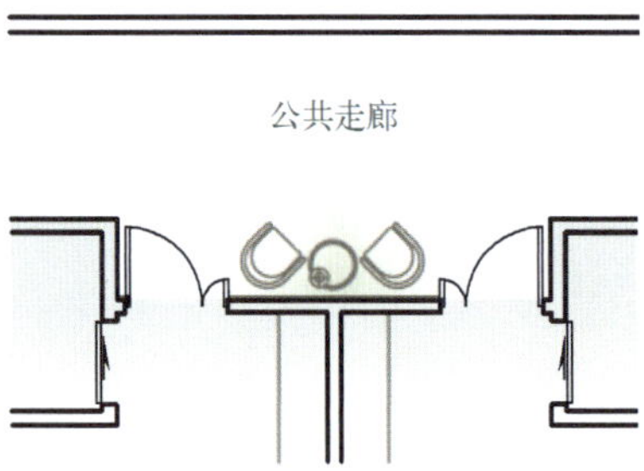

(b) 结合居室出入口，局部放大

图 4-6 公共走廊局部放大设计

在标准层设计中，当走廊采用双面布房设计时，走廊内部的自然采光以及空气流通会受到影响，所以一般不宜设置过长；同时可以结合公共起居室做开敞设计，以改善走廊的采光通风，有益于老人日常生活中的身心健康（图 4-7）。

《老年人照料设施建筑设计标准》（JGJ 450—2018）中规定：老年人使用的走廊通行净宽不应小于 1.80m，确有困难时不应小于 1.40m；当走廊的通行净宽大于 1.40m 且小于 1.80m 时，走廊中应设通行净宽不小于 1.80m 的轮椅错车空间，相邻两处错车空间的间距不宜大于 15.00m。其中对于“确有困难”的定义是：基于改造建筑中，由于结构原因而无法达到 1.80m 走道净宽的条件下，才可以将标准降低到 1.40m；对于新建建筑的通行走廊必须满足净宽 1.80m 的要求（图 4-8）。

走廊净宽的要求是考虑到轮椅、担架以及员工推车的通行宽度，养老设施的公共走廊两侧还需要满足无障碍使用的要求，走廊两侧需要设置连续扶手，所以在设计中走廊宽度一般需要达到 2.40m 才可以满足规范要求。

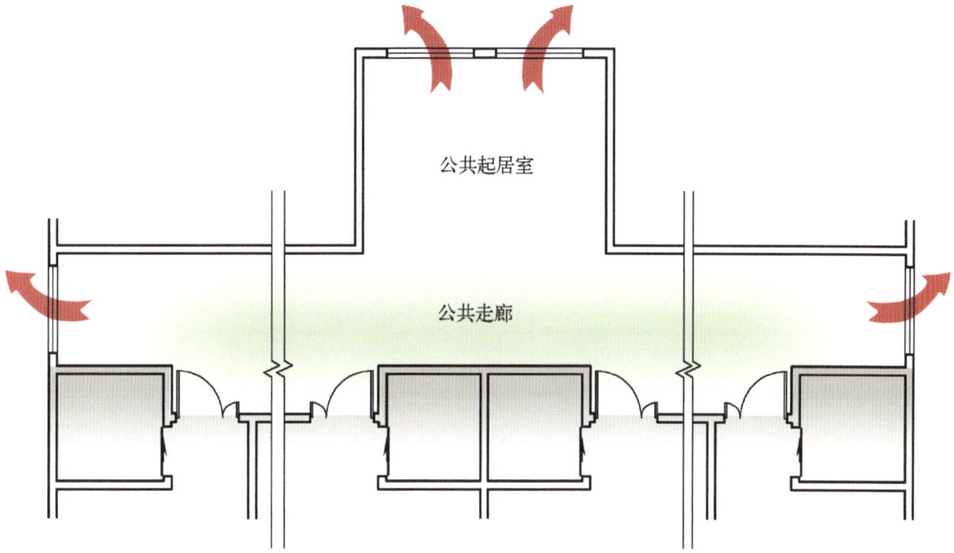

图 4-7　公共走廊结合公共起居室设计

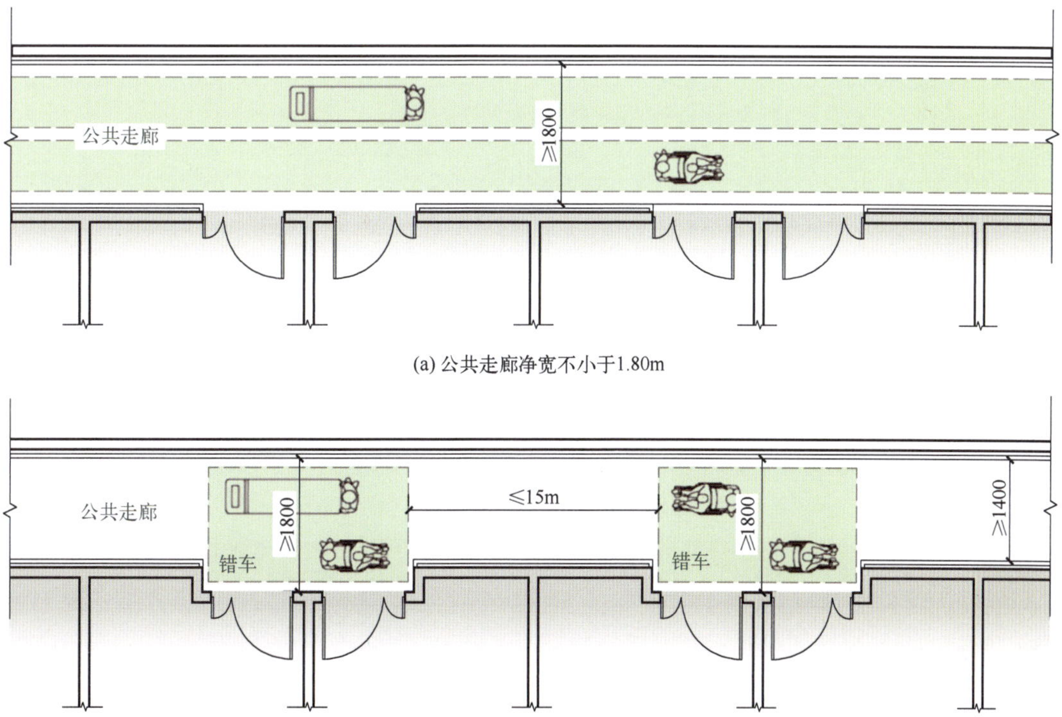

(a) 公共走廊净宽不小于1.80m

(b) 改建项目公共走廊净宽受限

图 4-8　公共走廊净宽示意图

公共走廊上一般管线比较复杂，高度空间紧张，尤其对于改造项目，结构的梁高、地面铺装等因素都会影响室内净高。对于层高较低的改造建筑，走廊建议采用自然通风的形式，这样可以避免公共走廊中出现较大的排烟管道而影响净高（图 4-9）。过低的走廊会让人感觉空间过于压抑，在一般的设计中室内净高应高于 2.4m，并可以通过吊顶设计适当增加造型，丰富走廊的空间形式，增加美感。

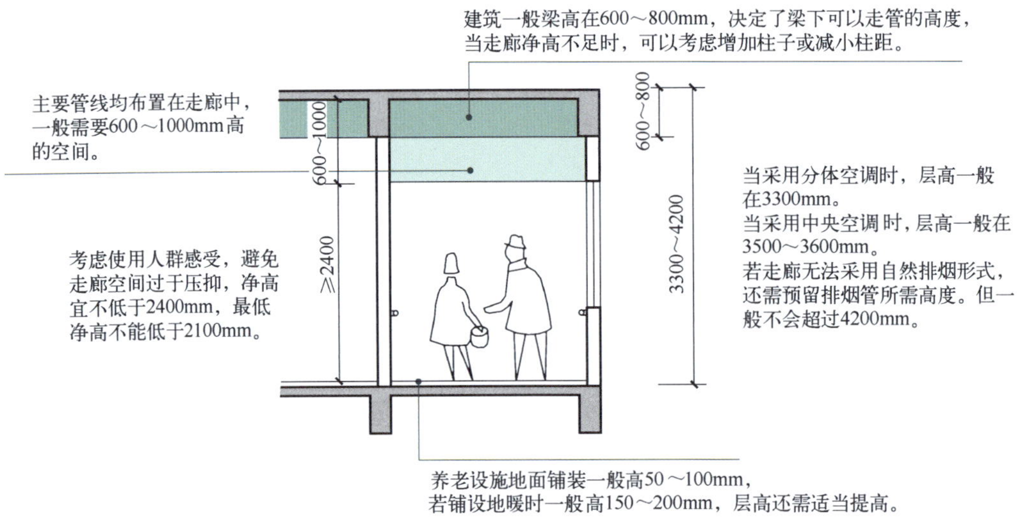

图 4-9　公共走廊剖面设计示意图

4.1.3　楼梯与电梯

公共交通中楼梯一般可以分为主要楼梯和次要楼梯：主要楼梯一般服务于老人日常生活，当不作为消防疏散楼梯时常常设置为开敞楼梯；次要楼梯一般是供消防疏散使用，为封闭楼梯间（高度超 24m 的养老设施中为防烟楼梯间），同时可以兼顾员工后勤使用。本章楼梯空间部分主要探讨公共服务功能，消防相关设计详见本书第 7 章。

在设计中楼梯要便于老人的使用和通行，严禁采用弧形楼梯和螺旋楼梯，也不应在楼梯平台内设置踏步。楼梯双侧均应设置扶手，且需保证楼梯净宽不小于 1.20m。楼梯的踏步高度应均匀一致，且宽度不得小于 320mm，高度不得超过 130mm。楼梯的设计同时应该满足无障碍的设计要求，踏步不应采用前缘突出或无踢面的形式，防滑条、警示条等附着物不应突出踏面（图 4-10）。

电梯是老年人使用的主要垂直交通工具，需要结合层数、每层面积、设计床位数或老年人使用人数等因素来确定数量。一般为老年人居室使用的电梯服务床位数不应超过 120 床，当地下室功能为老年人用房时，其服务床位数计入电梯服务的床位数，计算方式见图 4-11。

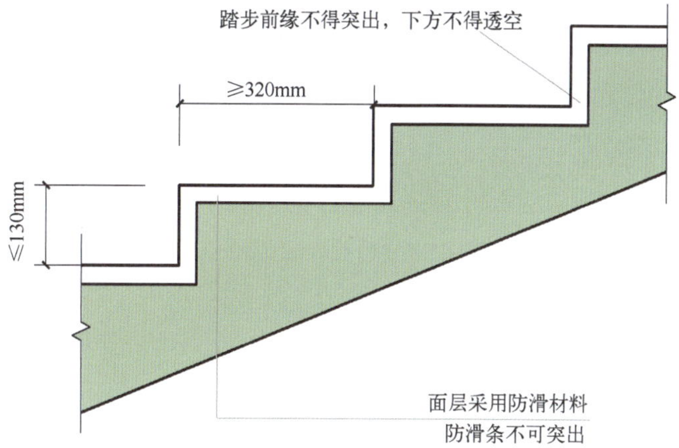

图 4-10　楼梯踏步的设计

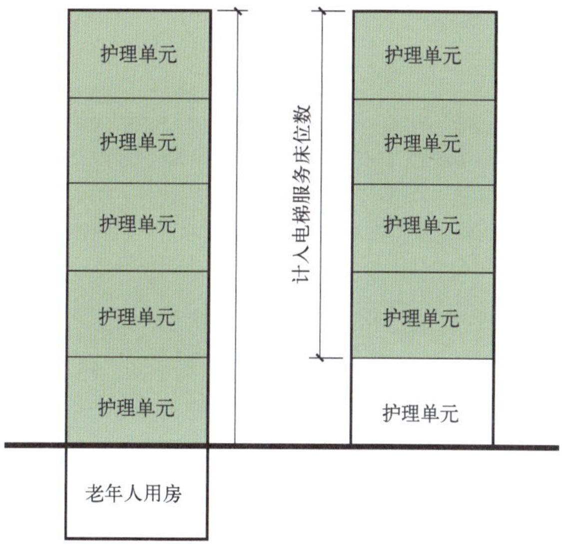

图 4-11　电梯的服务范围

本章讨论的电梯是指在养老设施中主要提供服务的客用电梯，一般面向老人、家属、参观人员等使用。在养老设施中，当老年人用房设置在二层及以上楼层、地下室、半地下室时，需要设置无障碍电梯，且至少有一台可以容纳担架的电梯。无障碍电梯的尺寸可参照表 4-1。

表 4-1　无障碍电梯类别与规格

名称	电梯井道尺寸 /mm		电梯轿厢尺寸 /mm		轿厢门尺寸 /mm		备注
	深	宽	深	宽	净宽	净高	
小型电梯	≥ 2100	≥ 1800	≥ 1400	≥ 1100	≥ 800	2100	轮椅可正面进入，倒退而出

续表

名称	电梯井道尺寸 /mm		电梯轿厢尺寸 /mm		轿厢门尺寸 /mm		备注
	深	宽	深	宽	净宽	净高	
中型电梯	≥ 2200	≥ 2200	≥ 1600	≥ 1400	≥ 800	2100	轮椅进入后可旋转
	≥ 2300	≥ 2150	≥ 1500	≥ 1600	1100	2100	
医疗电梯	≥ 2900	≥ 2100	≥ 2300	≥ 1200	1100	2100	900mm 宽病床可进入
	≥ 2650	≥ 2500	≥ 2100	≥ 1300	1100	2100	只能坐担架

电梯厅的无障碍设计需要满足《建筑与市政工程无障碍通用规范》(GB 55019—2021)和《无障碍设计规范》(GB 50763—2012)中的相关要求，设计可以参照表 4-2。

表 4-2　无障碍电梯厅设计要点

项目	设计要求
候梯厅深度	不宜小于 1.80m
呼叫按钮高度	距地高 0.9 ～ 1.10m
电梯门	水平滑动式，净宽度不宜小于 0.9m（改造或改建情况下不应小于 0.8m）
其他要求	1. 设置电梯运行显示装置，清晰显示轿厢上、下运行方向和层数 2. 设置电梯抵达音响 3. 每层电梯口安装楼层标志，并设提示盲道

在养老设施建筑的设计中，电梯一般与主要楼梯结合设计，形成主要交通核，一般临近各层主要公共走廊以及公共空间。交通核的设计要结合老年人行为特点，设置多台电梯时宜并排设计，方便老年人等候时观察电梯运行。一般候梯厅的设计可以参照图 4-12。

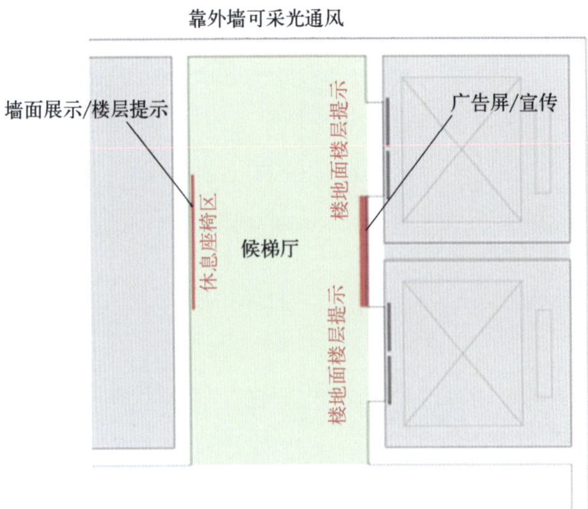

图 4-12　候梯厅设计

4.2 公共餐饮空间

公共餐饮空间是指为老年人提供集中就餐服务的公共餐厅，是老年人日常交流、聚会、举行集体活动的主要场所，一般在非用餐时间可以兼做咖啡厅、阅览室、联谊厅等，同时也可以考虑对外开放，服务周边居民。一般养老设施中均会设置公共餐厅，主要供健康老人使用，同时半失能老人也可前来就餐，促进老年人之间的交流活动。

4.2.1 平面布局

养老建筑的公共餐厅内承载多种不同功能区，一般同其他公共餐厅的设计一样，必备入口区、洗手处、取餐处、就餐区、卫生间等功能区域，有时会根据情况增加包间、特色餐饮空间、备餐间、储藏间、多功能区域等。

入口区一般具有展示、休息和存放用具的功能，需要预留适当的空间方便用餐人群等候和活动。中小型养老设施的公共餐厅可结合主入口门厅设计，借用门厅集散人流的功能，起到接待引导的作用（图 4-13）。

图 4-13　公共餐厅入口（国投健康盐城项目）

靠近餐厅入口宜设置洗手处（图 4-14），但需与主要就餐通道有一定距离，避免地面湿滑造成老人摔倒；另外，在此区域老人也会进行口腔清洁，考虑正常用餐的老人心理感受，最好与就餐区的位置保持距离，或采取适当的遮挡措施。餐厅附近宜布置卫生间，满足老人就餐期间的使用需求，同时设置两个及以上的厕位，避免老人长时间等候造成拥挤。

图 4-14 公共餐厅入口洗手处（国投健康盐城项目）

取餐处宜位于餐厅居中位置，同时与备餐间衔接紧密以方便菜品的供应。取餐台宜单向集中布置，方便老年人端餐行走，避免距离过长或需要转身取餐。取餐台台面高度设计需要适中，方便老年人拿取并可以撑扶，并且取餐台应有一定宽度，可以将托盘放置在台面上。

就餐区设计可以灵活多样，完整大空间可以满足大部分人的就餐需求，但同时也可以利用滑动隔断来划分不同规模的小型就餐区域，供对私密性有要求的老人来使用。另外，就餐区也可以根据时段不同，综合使用，通过灵活隔断划分出不同的活动区域以填补非就餐时间段的空白；也可以与多功能厅、庭院结合设置，供大型活动例如联欢活动、聚餐庆祝、节日庆典等使用。包间适用于家庭聚会、小型会议等各种公共活动，在餐厅设计中建议设置若干包间，包间大小规模应有区分，并可以灵活分隔，提供多样化的使用空间。

另外，包间也可以独立于餐厅之外，与公共区域单独设置连接出入口，方便在不需要用餐使用时兼做其他活动空间。

4.2.2 流线设计

老人在公共餐厅的就餐方式大致分为三种：①自主取餐；②协助送餐；③自由点餐。

一般就餐流线：经由公共餐厅入口进入，通过洗手处洗手，经过取餐窗口取餐，之后就座用餐。完成用餐后则将餐盘放入餐盘回收处，之后离开公共餐厅。

在餐厅的流线设计上，应确保自主取餐的老人行动的单向性，避免出现流线之间的相互交叉和干扰。老人取餐、加餐的行走距离要尽可能缩短，流线要便捷。对于入口区域、取餐区域等人流相对密集的空间，需要适当地扩大，避免人流的堆积和阻塞。

4.2.3 空间尺度设计

（1）通道布置

公共餐厅集中就餐区的通道一般可分为主要通道（含取餐通道）、次要通道以及桌旁通道三种。考虑到老年人行动不便，在设计中通道的宽度需要考虑轮椅的通行便利，与传统餐厅相比要更宽，详见表 4-3。

表 4-3　公共餐厅通道宽度要求

类别	最小设计宽度	设计要求
主要通道	1.80m	需要满足两辆轮椅（或餐车）并行通过，位于取餐区域的通道应适当增宽
次要通道	1.20m	需要满足一辆轮椅与一人并排通行
桌旁通道	0.60m	需要满足单人（拄拐）步行通过

（2）桌椅布置

集中布置的公共餐厅面积不宜低于 2.5m²/ 座。根据老年人的就餐习惯，建议采用方桌供 2 ～ 4 人使用。桌椅要求轻便可移动，方便多个餐桌拼在一起，同时需要牢固稳定，保证老年人的使用安全（图 4-15）。另外，取餐区域的主次通道附近宜布置轮椅餐位，方便无障碍使用；同时需要考虑送餐到位的服务需求，并应留有服务人员的照料空间。

图 4-15 餐厅就餐区桌椅布置（国投健康盐城项目）

4.3 公共活动空间

公共活动空间主要是指供老年人开展集体活动如休闲娱乐、运动健身等各类活动的室内空间。养老设施建筑的设计中，公共活动空间的总使用面积不应小于 2.00m²/ 床（人），对于不同类型的项目，面积配比可以适当调整。

为了提高公共活动空间的使用效率，一般采用灵活多变的设计方式，通过增减或移动活动隔断的方式，来实现多空间的划分与转变。同时也可以通过对室内家具布置的改变来实现不同空间的使用需求。

根据空间的分隔形式可以将公共活动空间分为开敞式、半开敞式和封闭式三种形式，一般根据活动的类型和空间需求使用不同的分隔方式。例如棋牌室、阅览活动区等自由参加度比较高的空间通常采用开敞式空间（图 4-16）；手工室、书画室等需要相对分隔的可以采用低矮隔断、镂空格栅等与周边分隔，形成半开敞的空间（图 4-17）；阅览室、合唱室、舞蹈室等对隔声要求较高的空间则需要采用封闭式空间，建议采用玻璃隔断，方便路过的老人以及工作人员了解室内使用情况（图 4-18）。

图 4-16　开敞的空间分隔

图 4-17　半开敞的空间分隔

图 4-18 封闭的空间分隔

公共活动空间按照使用规模可以分为小、中、大三种类型，详见表 4-4。

表 4-4 公共活动空间规模分类

类型	使用面积	使用人数	活动类型
小型	20 ~ 50m^2	5 ~ 20 人	小组活动或小型讨论会、家庭聚会等
中型	50 ~ 100m^2	21 ~ 30 人	各类兴趣活动、讲座等
大型	＞100m^2	31 人以上	大型活动（多功能厅面积一般为 200 ~ 400m^2）

在空间的布置上应将环境需求相似的功能空间合并或就近布置，同时需要考虑活动空间对老年人居室、休息室产生干扰的问题。为了提高工作人员服务效率和老年人的可达性，建议公共活动空间集中布置；当需要分散布置时，宜靠近竖向交通核，同时需要适当增设电梯以保证竖向交通的运载力。大型公共活动空间用房需要考虑老年人集中使用时的安全性和方便性，一般宜设置在建筑的首层，且应与公共卫生间、储藏室相邻。

公共活动空间在设计中应考虑室内环境的舒适度，尽量靠近外窗布置，引入自然采光通风，同时可以使人欣赏窗外景色。对于多功能区域，可以根据不同的场景需求，提供不同的照明强度，满足不同活动的照明需求。

4.3.1　多功能厅

多功能厅是重要的集体活动空间，可以开展多样的大型活动，例如举办各类联欢会、文艺演出、大型讲座等。这些活动不仅会有老年人参加，同时工作人员、老年人家属、社工志愿者以及演出团体等亦会参与其中。

多功能厅的使用面积需要根据养老设施的具体规模和功能需求综合考虑。一般大型养老设施建筑中设置的多功能厅使用面积在 200 ～ 400m²；对于使用空间紧张的养老设施建筑，亦可以利用门厅、公共餐厅等区域兼做多功能厅，或与餐厅临近布置，通过灵活隔断分隔。在设计中多功能厅内部不宜设置柱子，同时尽量方正规整，避免视线遮挡或座位过于偏远难以看见舞台。地面不应设有坡度或台阶，避免老人在行走过程中跌倒摔伤；建议采用平整且具有弹性的地面材质，以满足舞蹈、体育等活动的需求。多功能厅需要配套的辅助功能包括但不限于前厅、卫生间、储藏间、音响设备室等，同时前厅宜设置休息区，方便老人休息、等候、交流等（此区域也可以与入口门厅相结合），如图 4-19 所示。

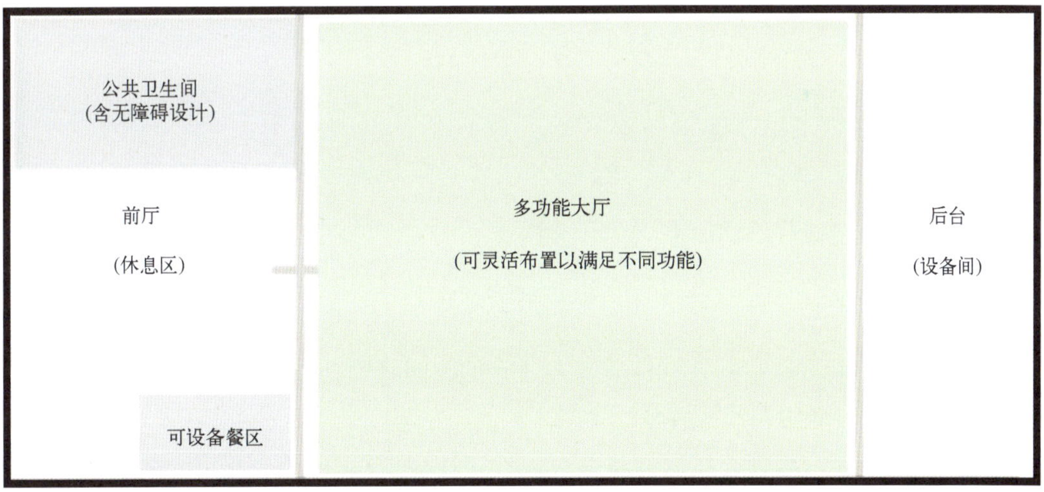

图 4-19　多功能厅平面功能示意图

4.3.2　公共娱乐空间

公共娱乐空间可举办的活动种类多样，可用于棋牌、阅览、手工、书画等活动，具体活动种类可见表 4-5。

表 4-5 公共娱乐空间功能类型及活动种类

功能类型	具体活动种类
棋牌	棋类、麻将、扑克、桥牌等
阅览	读书看报、朗诵会等
网络	视频聊天、玩游戏等
书画	书法、绘画
手工	剪纸、编织、陶艺等
宣讲	小型讲座、小型沙龙
音乐	小合唱、曲艺
厨艺	烘焙、包饺子等
园艺	插花、移植等
聊天	家属见面、茶话会
放映	电视、电影
儿童活动	老幼互动

公共娱乐空间可以根据活动性质营造适宜的空间氛围，包括家具布置、灯光调整、布展宣传等，引导老年人开展活动。

棋牌活动娱乐性较强，比较受老年人欢迎。为了吸引老年人的参与，棋牌活动空间应尽可能开敞通透，并设置多组桌椅来营造热闹的氛围，同时还要考虑为围观的老年人预留座椅的摆放空间。

阅览活动区与图书馆的设计不同，该区域并不需要绝对的安静，宜营造出轻松愉快的氛围，是老年人休闲、交往的场所。该空间的设计可以更加灵活、开敞，例如可以结合公共走廊的局部扩大空间来布置。

手工、书画、园艺活动空间宜设置矮柜，收纳和展示老年人作品，并起到分隔空间的作用；同时可以利用公共空间周边墙面设置隔板、壁龛等作为展示空间，增强老年人的成就感和参与活动的热情，同时丰富空间的艺术气息。

音乐、宣讲、放映活动空间等需要考虑隔声要求，厨艺空间则需要考虑防火的要求，这些活动空间在设计时需要考虑空间的封闭性并保证内外视线的可达性。

集中布置的公共空间中，应设置简洁明确的标识导向系统，同时需要考虑配套的辅助设施和无障碍设计。

4.3.3　公共健身空间

公共健身空间应根据老人身体条件、使用需求的合理配置来设计，配置合理的空间和设备设施，供老人健身使用。

供老人使用的健康器械应以有氧运动型为主，例如跑步机、健走机等健身器材，同时器械间应预留出足够的开敞区域供老人热身、做操。器械宜选用静音型或低噪声型，避免在使用过程中引起老人不适。整体空间不宜设置在地下室，同时需要有良好的自然通风以保持室内空气新鲜。

另外，一些使用危险性较低、操作简单的器械亦可以放置于开敞的公共空间，在增加整体空间丰富性的同时，也提高了器械的使用频率。

有一些大型或高端的养老机构也会考虑设置游泳池，对于规模和形状并没有严格的规定，可以根据空间的大小、预计使用人数以及使用方式灵活设置，同时也可以与疗养池结合设置。但在设计中需要注意适老化的设计，水深不宜超过 1.2m，同时需要注意泳池边的防滑处理，并合理安排适宜的休息空间。

4.4　医疗康复空间

老年人疾病发病率高、突发性强，因此养老建筑的设计中医疗保障是必要组成部分。但运营过程中受到成本和社会条件的制约，养老设施建筑的医疗保障一般会与周边医院或卫生服务站合作运营，只需设置医务室满足老年人日常基本医疗服务需求，提供老年保健，对于一般常见病、多发病进行诊疗护理，并提供急诊救护服务。对于医养结合型养老建筑在设计上更接近于医院设计，故不在此讲述。

4.4.1　医务室

养老设施建筑内医务室的整体设计需要满足无障碍的设计要求，一般至少设有诊室、治疗室、处置室等功能区，建筑面积一般不小于 40m^2。

（1）诊室

诊室是医生与患者直接交流、初步检查诊断的场所，需要满足一定的隔声、隔视的隐私要求，一般设计中使用面积不小于 10m^2，可分为问诊区和检查区（图 4-20）。

（2）治疗室

治疗室内应设有治疗台、药品器械柜、消毒机、洗手池、冰箱、医疗废物处置柜等，主要用于药品的存放和配置。

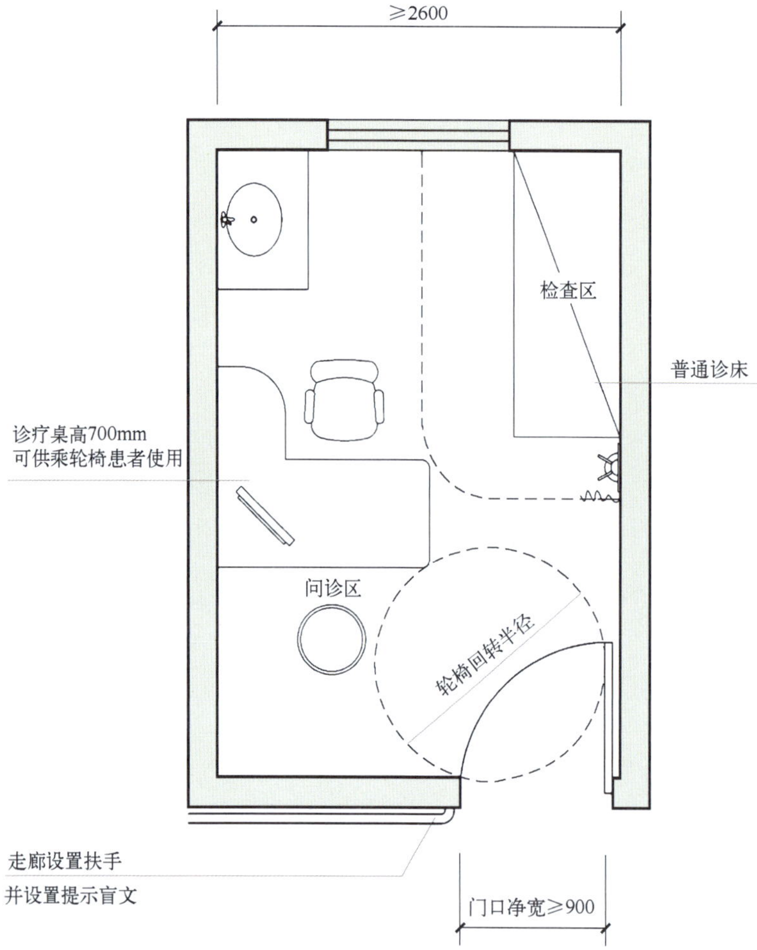

图 4-20 诊室的平面设计

（3）处置室

处置室需要与治疗室相邻，内部设置物品柜、处置台、洗手池等用具，需要洁污分区明确、布局合理，对于没有与室外直接通风的应配置紫外线灯。

（4）观察室

观察室的最小面积不应小于 15m^2，室内设置的平行排列的观察床净距不应小于 1.20m，有吊帘分隔者不应小于 1.40m，床沿与墙面净距不应小于 1m。

4.4.2 康复空间

康复空间应与医疗空间结合设计，设置康复室的（面积一般不小于 $50m^2$），应配备与康复需求相适应的物理治疗（运动疗法）和作业治疗的设备，有条件的还应设置功能评定室。康复空间室内的地面应平整，布局需要适应不同的康复设施要求。

第5章

辅助服务空间设计

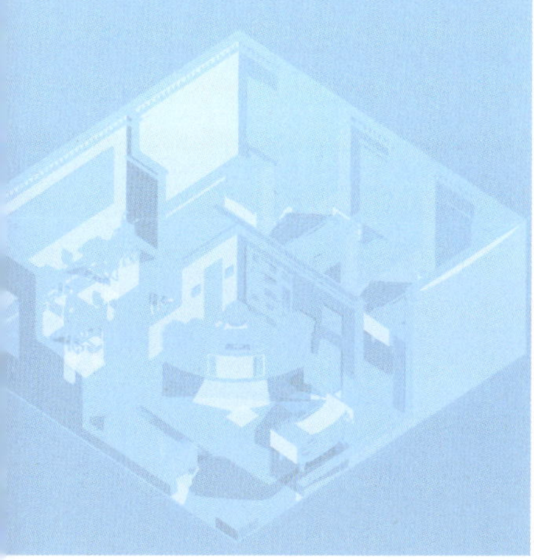

CHAPTER 5

养老机构辅助服务空间是指护理员在机构内为老年人提供服务所使用的空间，包括综合服务站、行政管理用房、厨房、洗衣房、晾晒区、员工生活区及其他辅助空间等（表 5-1）。集中式布局的辅助服务空间会组团式地“成片”布置在平面的“边角”位置，这样可以避免与其他功能空间流线产生过多的交叉，也利于员工集中办公、休息等（图 5-1）。

表 5-1 辅助服务空间功能构成

辅助服务空间	功能构成
综合服务站	高低服务台、配套卫生间、配套储藏间、值班休息室等
行政管理用房	院长室、人事部、财务室、会议室、后勤部、门卫室、员工生活区等
厨房	烹饪间、面点间、加工区、蒸煮区、备餐间、派餐间、早餐间、洗消间、仓库，以及配套办公、更衣室等
洗衣、晾晒空间	洗衣房、布草间、晾晒区等
其他辅助空间	污物间、储藏间、设备用房等

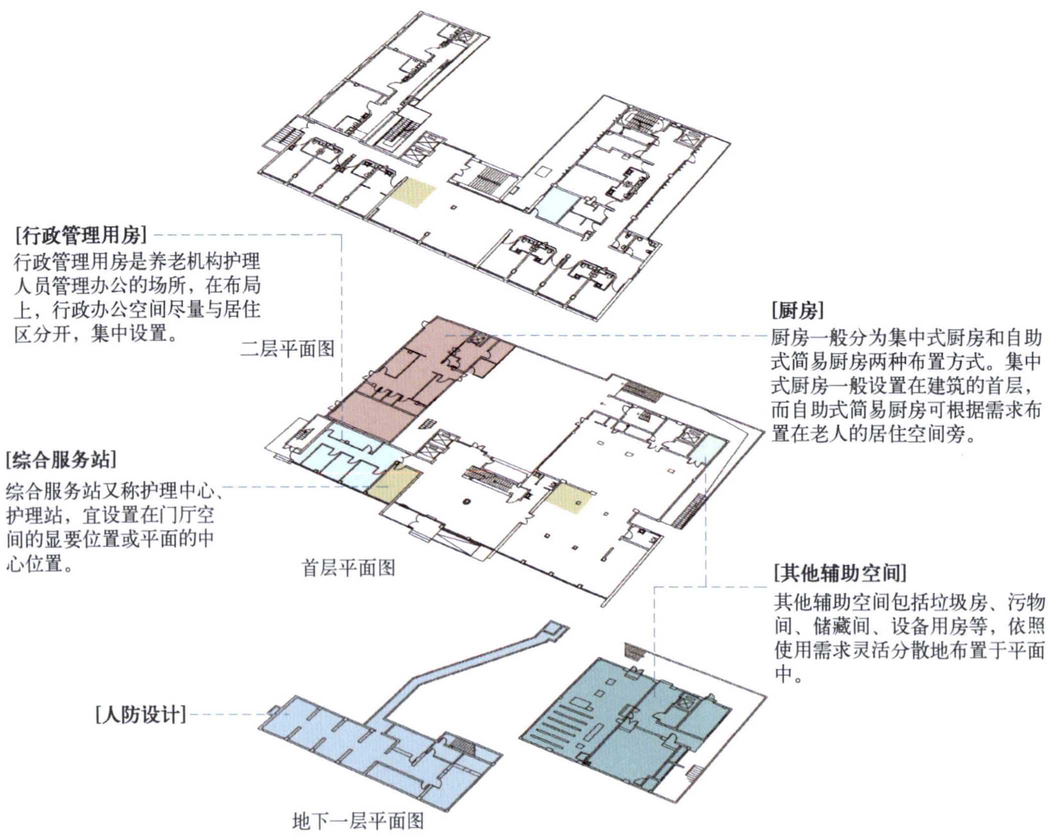

图 5-1 集中式布局（国投广州养老院项目辅助空间整体布局图）

分散式布局的辅助服务空间会呈建筑单体的形式处于总平面布局的中心位置，以国投健康盐城长者公寓项目为例，3# 楼辅助服务中心在总平面布局中处于中心位置，可以将门卫、康复中心、老年活动中心、老年公寓等建筑的动线关系串联起来，同时能为护理员工作及老年人寻求帮助带来便利（图 5-2）。

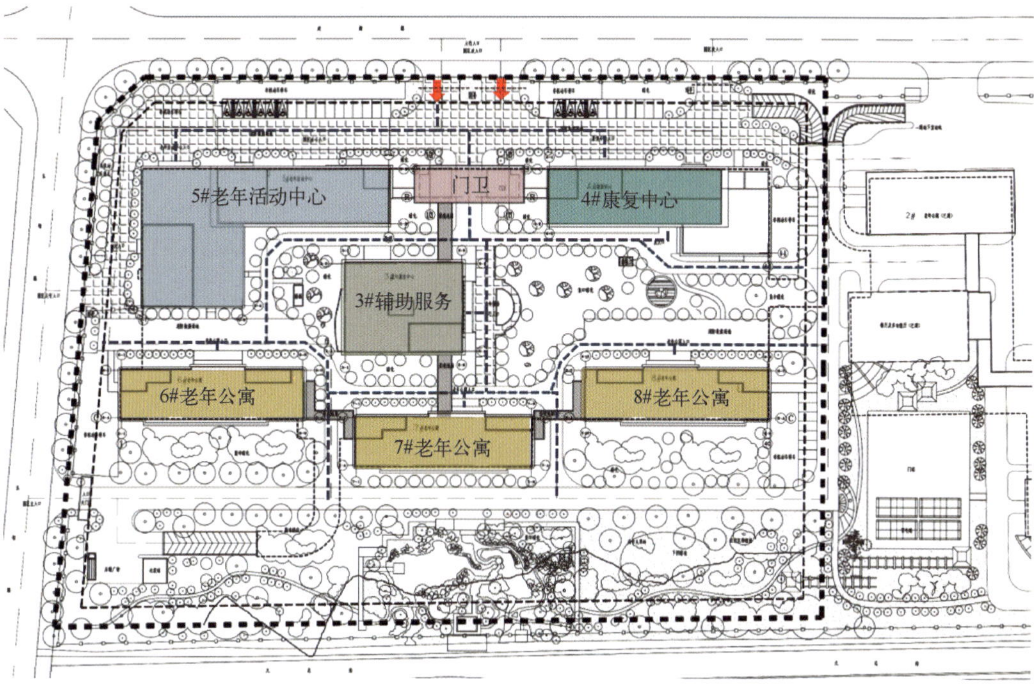

图 5-2 分散式布局（国投健康盐城长者公寓项目总平面图）

5.1 综合服务站

综合服务站又称护理中心、护理站，其作为一个多功能复合的建筑空间，需满足工作人员日常工作（登记、询问、收发、寄存等）、监护老人健康状况等要求。一般服务台应设置为“L”形或“O”形，宜设置在门厅空间的显要位置或平面的中心位置，方便观察访客接待、走廊应急、活动厅看护等情况（表 5-2）。

综合服务站也可与居室组成不同形式的护理单元，例如彩虹湾老年福利院项目（图 5-3）。综合服务站与居室的关系可分为护理中间单元、护理端头单元及自理中间单元（无综合服务站）三种形式。护理员应该视线无死角，照看居住空间、公共活动空间、走廊、楼梯、电梯等空间，以防意外，提高管理效率。

表 5-2 “L”或“O”形服务台及其常见平面位置

	门厅侧面	门厅中心	楼层中心或楼梯旁等
位置	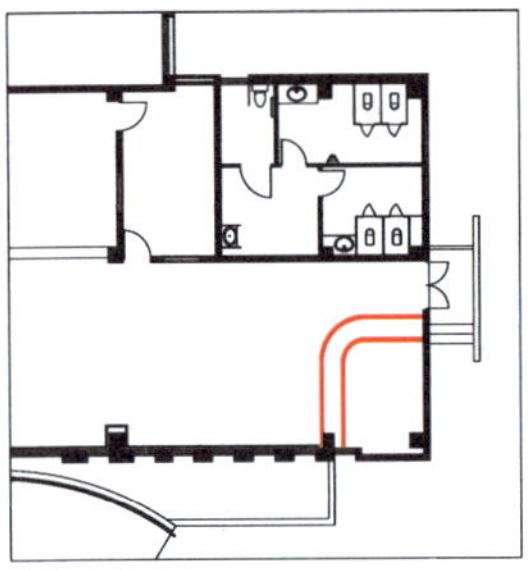	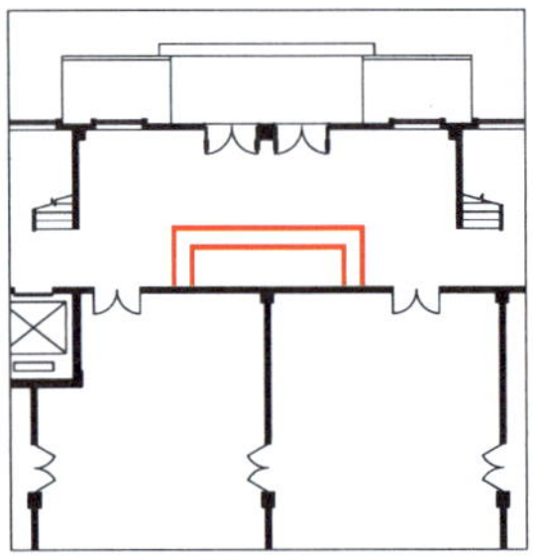	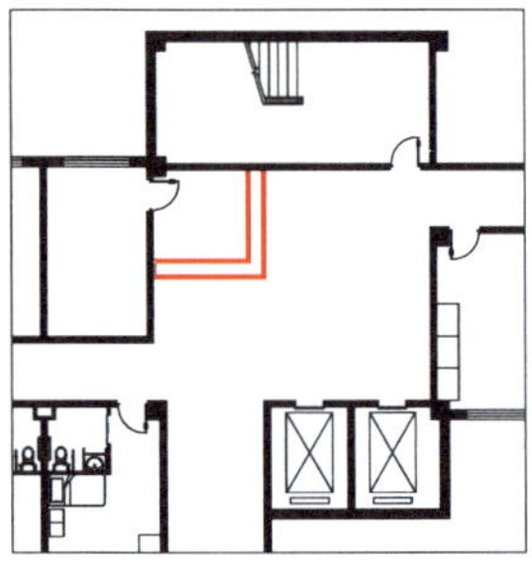
	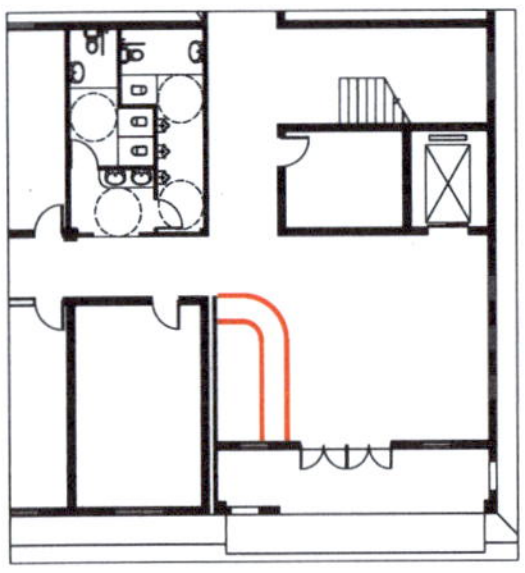	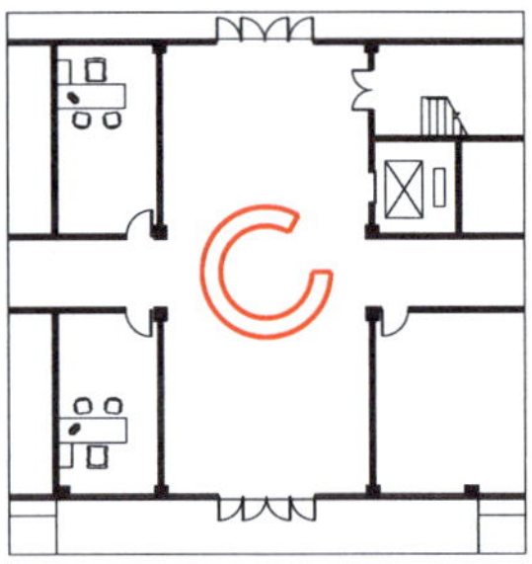	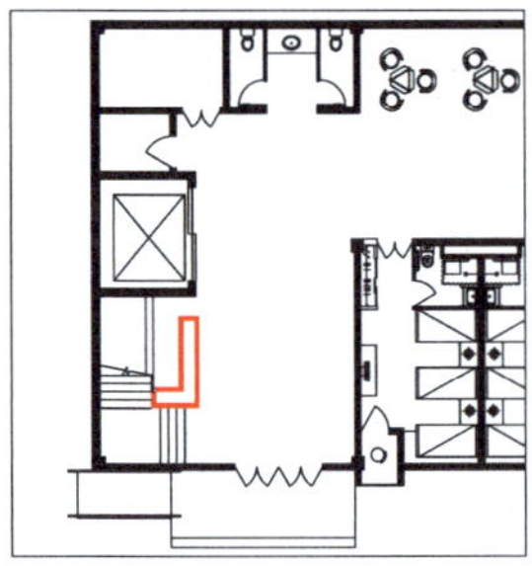
特点	占用门厅空间较小，利于观察出入情况	占用门厅空间较大，布局更为规整对称，利于观察出入情况	空间利用率较高，便于观察楼电梯、走廊、公共空间等情况

以国投健康盐城长者公寓项目 6# 楼为例（图 5-4），每层设有综合服务站，包括服务台、卫生间、储藏间、值班室，提高员工工作效率的同时，为老年人健康提供更为全面的保障。每层为 1 个单元，设有 8 个双人间、2 个单人间，配有一个综合服务站，可容纳 5 ～ 6 名护理员，负责 20 位老年人的生活照料，护理人员与老年人的比例约为 1 ： 4，满足国内外养老机构关于介助和介护老人的人员配比要求。

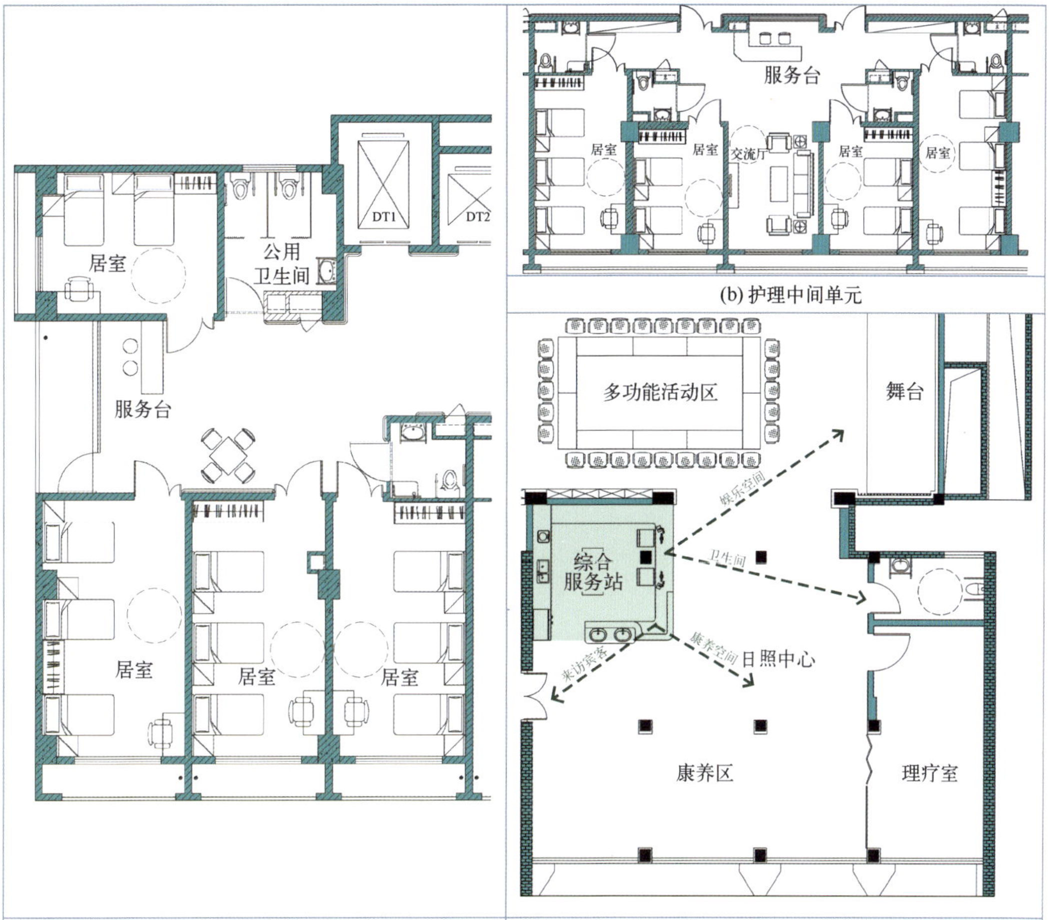

(a) 护理端头单元
(b) 护理中间单元
(c) 综合服务站护理员视线分析

图 5-3　综合服务站与居室组团关系（彩虹湾老年福利院项目）

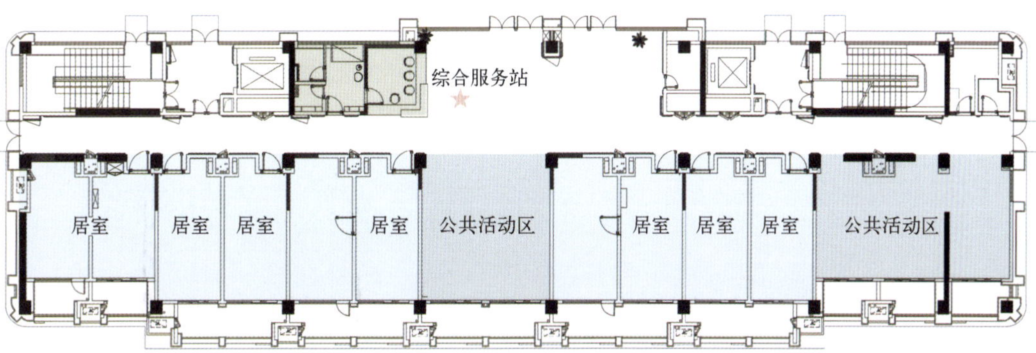

图 5-4　综合服务站平面位置示例（国投健康盐城长者公寓项目 6# 楼）

封闭式综合服务中心的护理员可以通过滑动玻璃窗观察老人的活动并与之互动，但这种设计强化了护理员和老人之间的等级感和距离感。因此，开放式综合服务中心更为开放和亲切，同时安排于居住单元内主要的交通流线旁，服务台及护士台均采用高低台设计，方便老人坐下沟通或供轮椅老人使用，为老人和护理员提供了更多见面和交流的机会，也让护理员更容易、更自然地参与到老人的日常活动中（图 5-5、图 5-6）。

图 5-5 开放式服务站示例（国投健康盐城长者公寓项目）

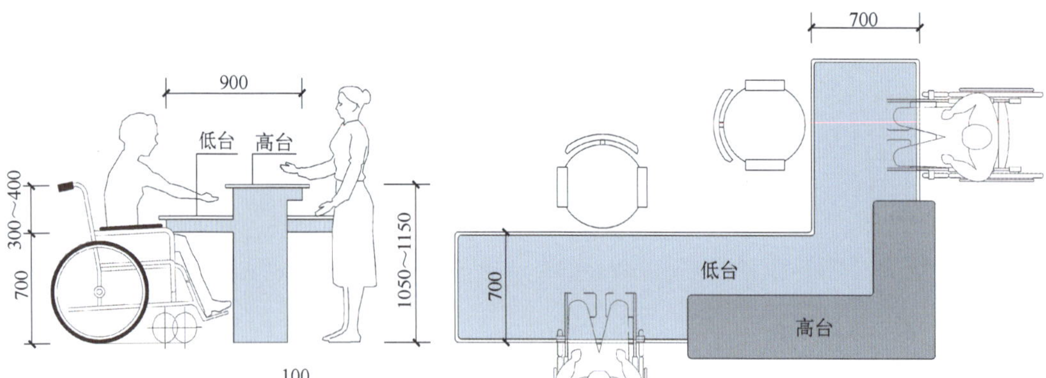

图 5-6 综合服务台适老化设计细节（彩虹湾老年福利院项目）

5.2 行政管理用房

行政管理用房一般包括院长室、人事部、财务室、会议室、后勤部、门卫室等，是养老机构护理人员管理和办公的场所，同时，行政区域为了便于员工居住在养老机构，可能还设有员工宿舍。以上房间需要根据实际需求进行设计，以免因空间不足而影响工作。

在布局上，行政管理用房尽量与居住区分开，集中设置，以免与老人行动流线产生交叉，同时便于员工打卡、换衣、工作等。例如国投广州养老院项目行政管理用房集中设置在门厅左侧，可观察到门厅的情况，同时便于他人咨询、求助（图 5-7）。

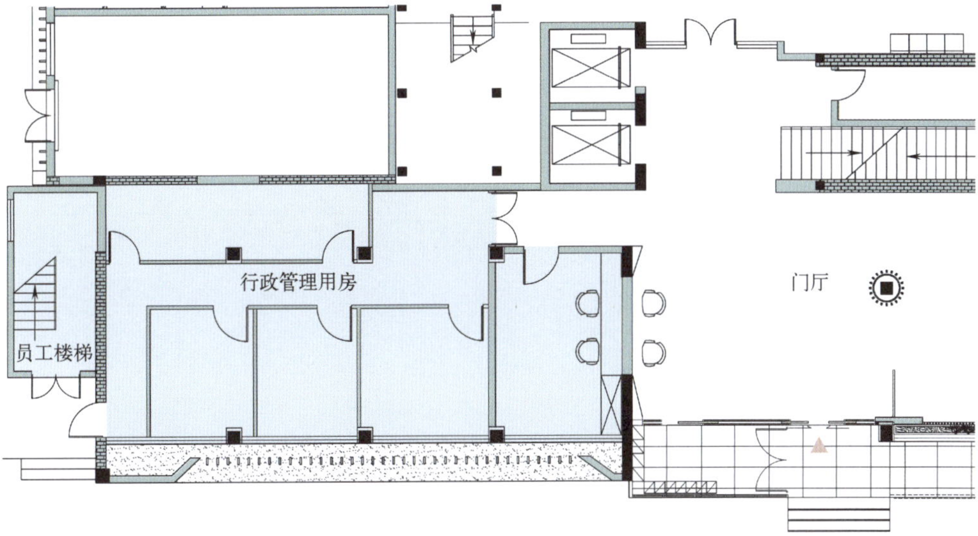

图 5-7　行政管理用房平面位置示例（国投广州养老院项目）

养老建筑中的行政办公空间需要尽量开放、舒适并形成大空间集中办公形式，使得工作人员之间信息互通，及时了解老年人身体状况等重要信息，以便应对可能出现的任何情况，合理分工，节省人力（图 5-8）。

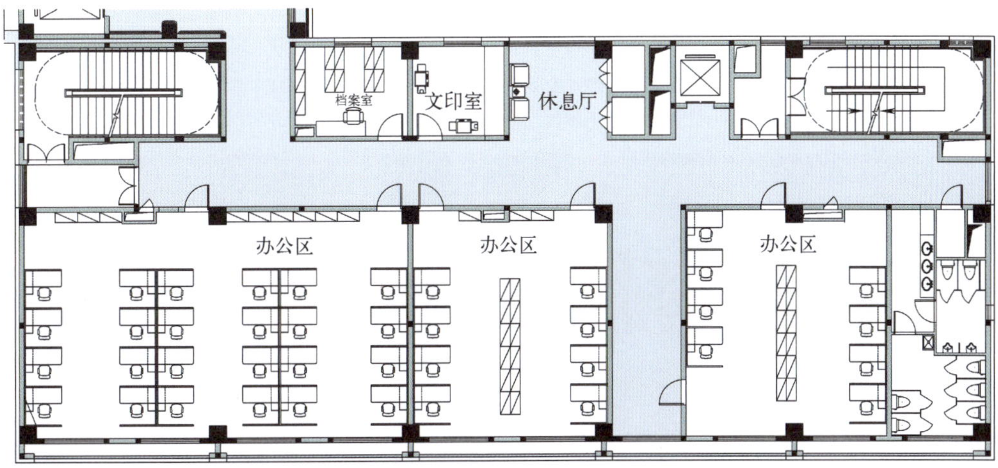

图 5-8　开敞大空间办公室示例（彩虹湾老年福利院项目）

养老建筑中员工生活区主要指除办公以外满足员工就餐、娱乐、休息等需求的空间，包括员工食堂（含备餐间）、娱乐健身区、休息区等（图 5-9）。

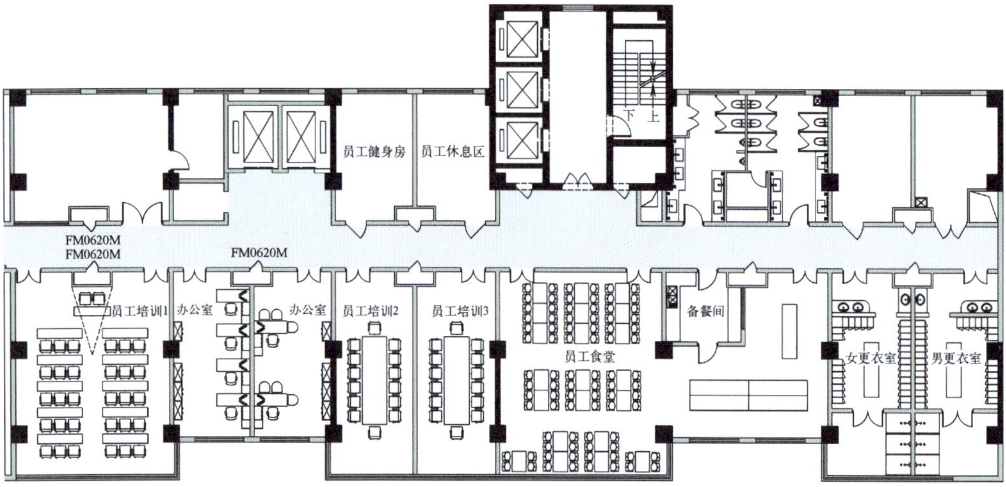

图 5-9　员工生活区平面布局图（北京展览路街道国投养老照料中心项目）

5.3 厨房

养老设施建筑的厨房区域一般设置在建筑的首层，以满足老年人、家属、工作人员的就餐需求，餐厨流线和用餐流线不宜交叉（图 5-10 ～图 5-12）；一些护理程度较高的老年人需要在自己居住的楼层就近用餐或需要送餐至房间，一般使用专用的餐车送至每层专用的备餐间进行备餐、分餐操作（图 5-13）。也有少数养老机构会在每层设有简易厨房，以便活动灵便的老年人或者家属自助使用（图 5-14、图 5-15），设计时需考虑适老化细节，例如：

① 厨房地柜高 800 ～ 900mm，吊柜高≤ 1500mm，以便老年人使用；

② 地柜下留有空间，方便乘坐轮椅的老年人使用；

③ 厨房电源插座带控制开关，减少电源插头的插拔；

④ 室内装修风格选用较为温馨的款式，地面采用防滑地板，以防老年人跌倒；

⑤ 家具的阳角均为弧面设计，防止老年人磕碰。

图 5-10　集中就餐效果图（国投健康盐城长者公寓项目 3# 楼）

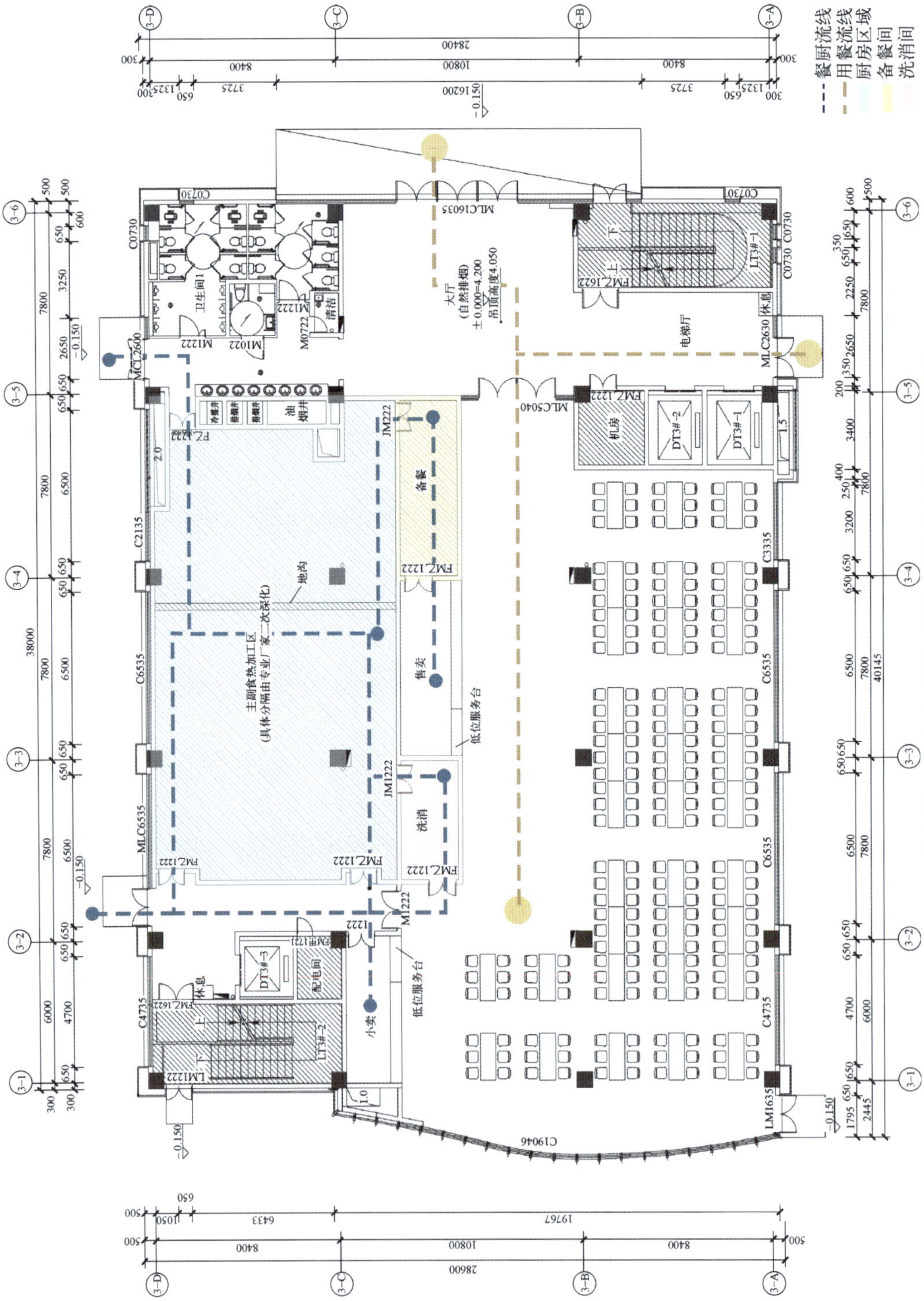

图5-11 集中就餐平面布局示例（国投健康盐城长者公寓项目3#楼）

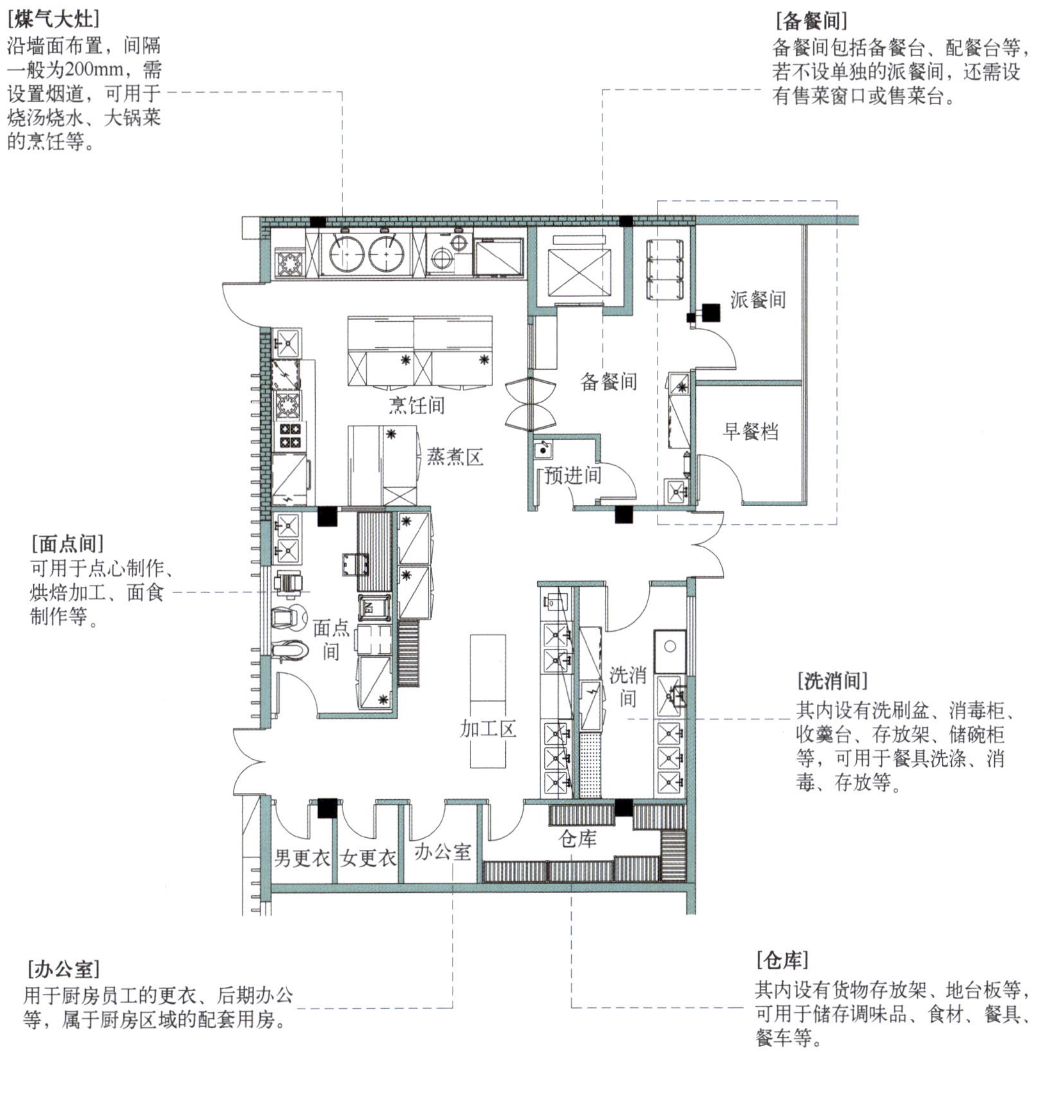

图 5-12　集中式厨房平面布局示意图（国投广州养老院项目）

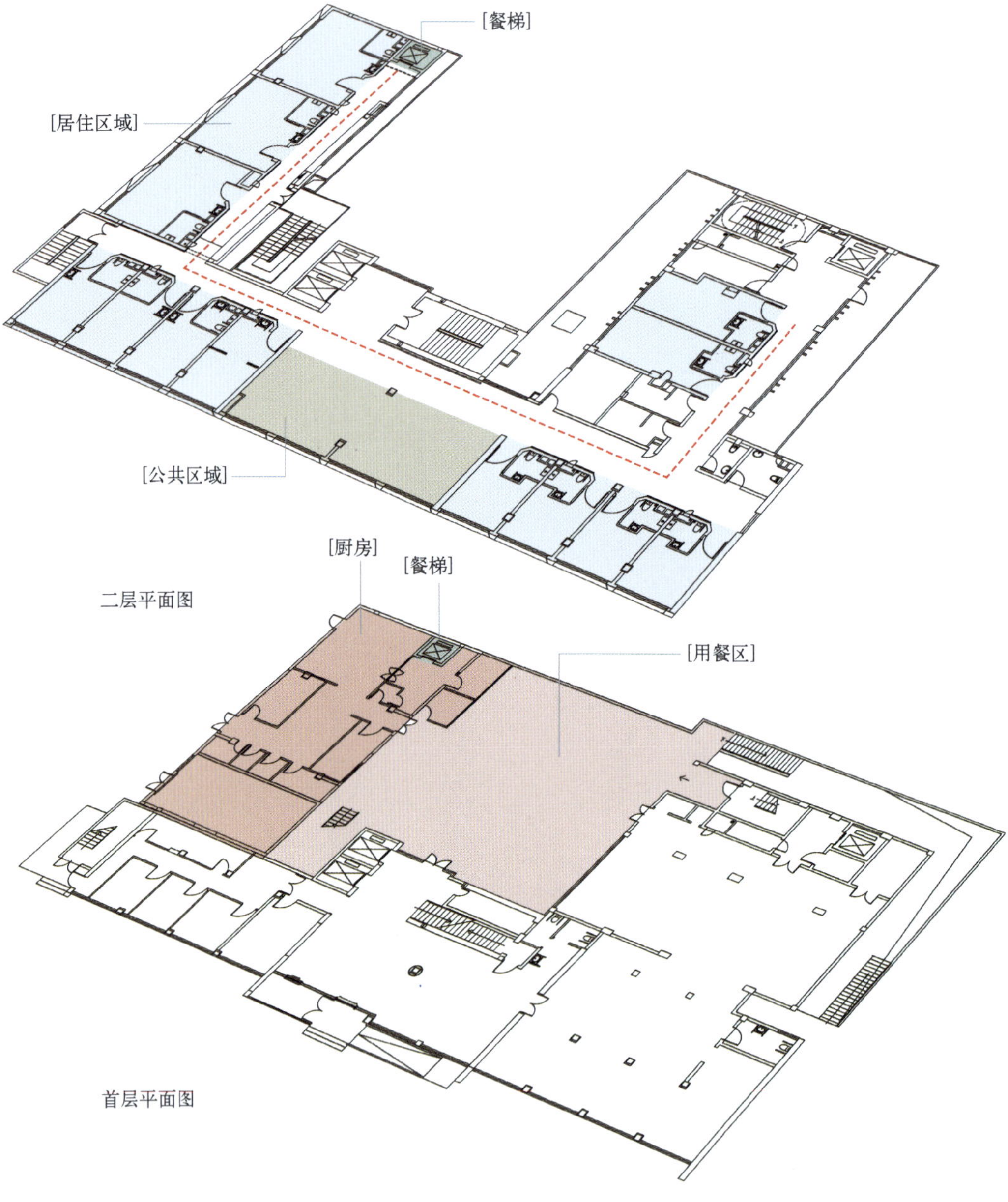

图 5-13　送餐流线示意图（国投广州养老院项目）

图 5-14　自助简易厨房示例（北京房山万科随园项目）

[就餐空间]
就餐空间应临近厨房，可设置2～4个餐位，空间局促时可与厨房合并建设。

[通行走道]
为便于轮椅老人使用，自助厨房内的走道宽度需满足轮椅回转尺寸要求，即≥1700mm。

[烹饪区]
烹饪区包括操作台、炉灶、吊柜、微波炉等。
操作台一般设置在炉灶的两侧，高度750～900mm。
吊柜一般设置在1500mm位置；若考虑轮椅老人的使用，在1200mm高的位置可设置中部柜，但需在台面下留出适合轮椅老人活动的空间。

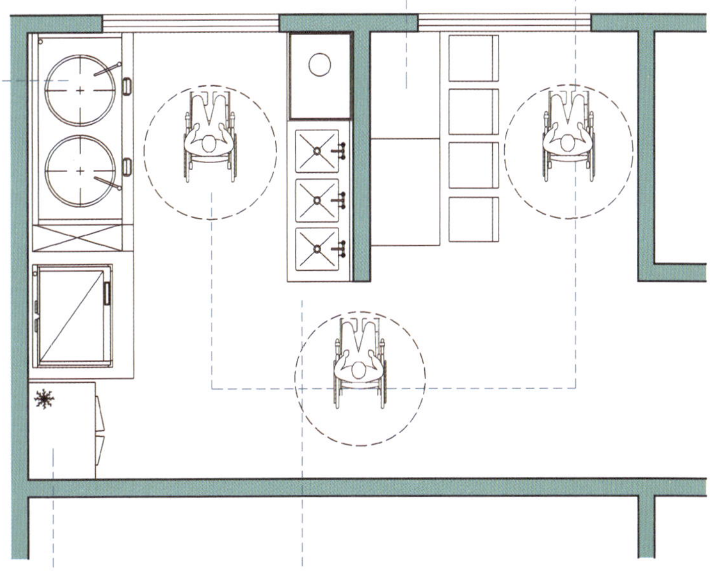

[冰箱]
冰箱需要考虑餐厅和厨房的共同使用，需布置在较为明显的位置，为方便轮椅老人使用冰箱，需要留出轮椅回转空间。

[洗消区]
洗消区包括洗涤池、消毒机(可不设置)等，洗涤池需要良好的采光，一般临窗设置。

图 5-15　自助式简易厨房平面布局示意图（改绘于《老年住宅》）

5.4 洗衣晾晒空间

现有一些养老建筑设计中，为节约空间，并未考虑专门的洗衣晾晒场地，而是较为笼统地设计一个公共洗衣房，将衣物晾晒在楼梯间、走廊、公共庭院、健身器材等区域，影响了空间美观的同时也为老年人活动带来了一些阻碍。养老设施内洗衣方式较为多样，洗衣空间和设备的配置情况也分为多种，主要分为 3 类。

① 老人间内配置洗衣机，以便老年人自行使用。以国投健康盐城长者公寓项目 6# 楼为例（图 5-16），每个房间单独设有开敞阳台，配有洗衣晾晒空间，可满足老年人的日常使用需求。

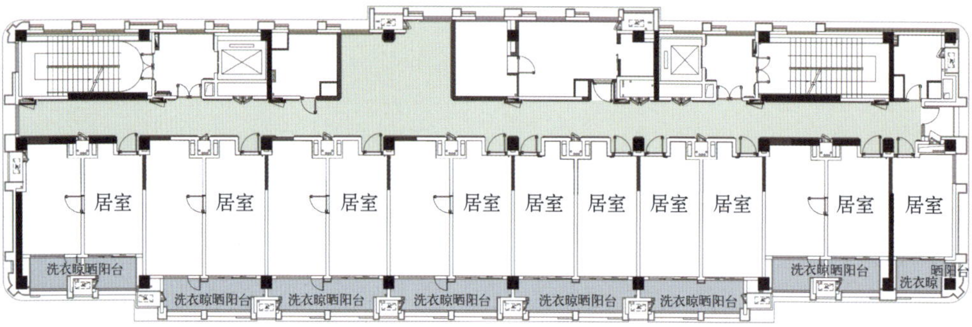

图 5-16　洗衣晾晒空间平面位置示例（国投健康盐城长者公寓 6# 楼）

② 集中或标准层内设置洗衣房，以便护理员收集衣服进行清洗（图 5-17），也可由老

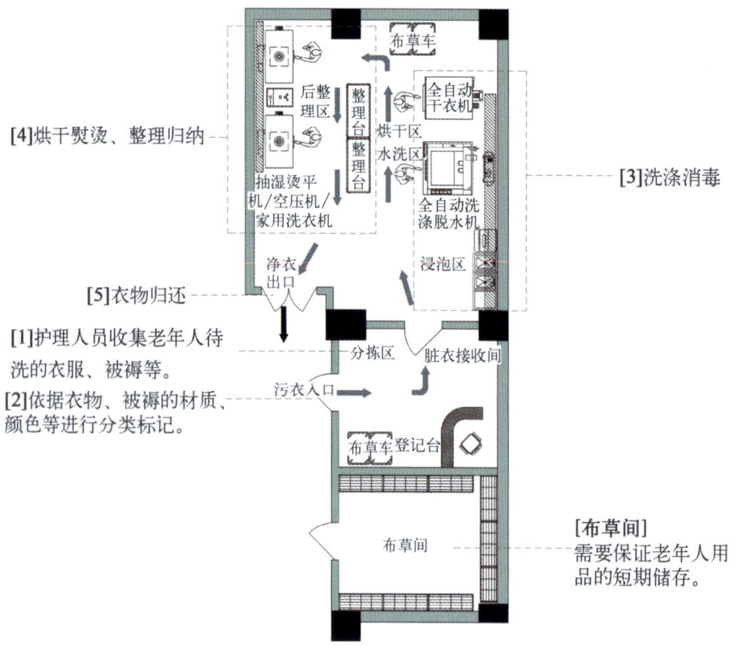

图 5-17　集中式洗衣房布置示例（北京展览路街道国投养老照料中心）

年人自助使用。除全自动洗涤脱水机外，可选配自动干衣机、单辊熨平机、抽湿烫平机、蒸汽发生器、空气压缩机、家用洗衣机、洗刷台等。

③ 外包洗衣，将衣服进行收集，送至专门洗衣处进行清洗。

5.5 其他辅助空间

5.5.1 污物间

污物间主要用于垃圾暂存及简单处理，一般配有垃圾桶、压缩机、消毒灯、灭蝇灯、风幕机、洗手池等（图 5-18）。污物间应集中设置，位置宜靠近卸货平台或辅助部分的货物出入口，以便污物的运输。垃圾应分类，并应按干、湿分设垃圾间，且湿垃圾宜采用专用冷藏间或专用湿垃圾处理设备。污物间的位置应邻近污物运输通道，内部应设清洗污物的水池及消毒设施。建筑及场地内的物品运送应洁污分流，且运送垃圾废物、换洗被服等污物的流线不应穿越食品存放、加工区域及老年人用餐区域。

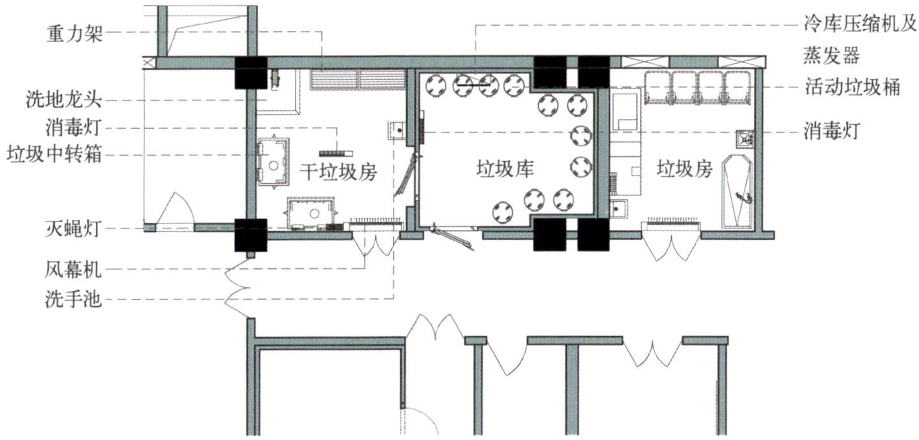

图 5-18　集中式污物间平面布局图（北京展览路街道国投养老照料中心 B1 层）

5.5.2 储藏空间

养老建筑配套储藏空间是用于存放物品的空间，是可以为老年人带来“家的感觉”的空间，以容纳老年人从家里带来并与之相处的物品。其设置是否合理，对机构内部环境的运营维护有极大影响。储藏空间可以按功能划分为普通储藏空间、配套储藏空间、展览储藏空间等。

（1）普通储藏空间

普通储藏空间可分为集中储藏空间和分散储藏空间两种：集中储藏空间一般为单独的房间，可用于储藏老年人换季的衣物、被褥、生活必需品等，私密性较低，一般不可储藏较为贵重的物品；分散储藏空间一般设置在老年人居室内，多为储藏柜等，私密性较高，可储藏较为贵重的物品。储藏柜高度不宜过高，需考虑轮椅老人的使用需求（图 5-19）。

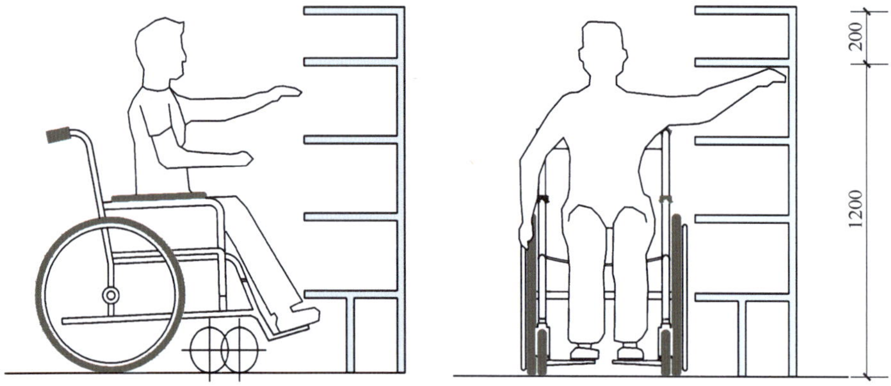

图 5-19 储藏柜适老性设计（根据《养老设施建筑设计详解》改绘）

（2）配套储藏空间

养老机构中的辅助服务空间配套储藏十分重要，直接影响着工作人员服务效率及老年人生活品质（表 5-3）。

表 5-3 辅助服务空间配套储藏需求

辅助服务空间		服务行为	相关物品	储藏方式
综合服务站	服务台	登记询问、收发寄存	呼叫接收器、电脑、文件、生活用品等	台面摆放、柜内收纳
	休息间	休息	员工衣物、生活用品等	柜内收纳、悬挂、摆放
行政管理用房、员工生活区	办公区	处理工作	文件、员工衣物等	柜内收纳、悬挂、摆放
	娱乐区	休闲娱乐	健身器材、饮水机等	摆放
	员工宿舍	休息、沐浴	员工衣物、被褥等	柜内收纳、悬挂、摆放
厨房、就餐区	主副食加工区	食材加工	厨具、食材等	台面摆放、柜内收纳
	洗消间	洗涤消毒、盛放餐具	洗洁精、消毒机、餐具柜等	柜内收纳

续表

辅助服务空间		服务行为	相关物品	储藏方式
厨房、就餐区	备餐台	备餐	厨具、食材等	台面摆放、柜内收纳
	就餐区	就餐	餐具、饮水机等	柜内收纳、摆放
洗衣晾晒空间	洗衣房	衣物清洗、烘干熨烫	洗衣机、烘干机、熨烫机等	摆放
	布草间	短期储存	床上用品、毛巾、浴巾等	柜内收纳、置物架摆放
	晾晒区	衣物晾晒	晾衣架、晾衣杆等	摆放
垃圾房、污物间		污物集中	垃圾、污物等	垃圾桶收纳

（3）展览储藏空间

国外一些养老建筑因空间较为紧凑，没有多余的空间为储藏单独设置一个房间，会在走廊、公共活动空间等区域较为巧妙地设计一些储藏空间，同时还可兼具展览作用（图 5-20）。

图 5-20　储藏空间（Frauensteinmatt 看护中心）

第6章

室外活动场地及景观设计

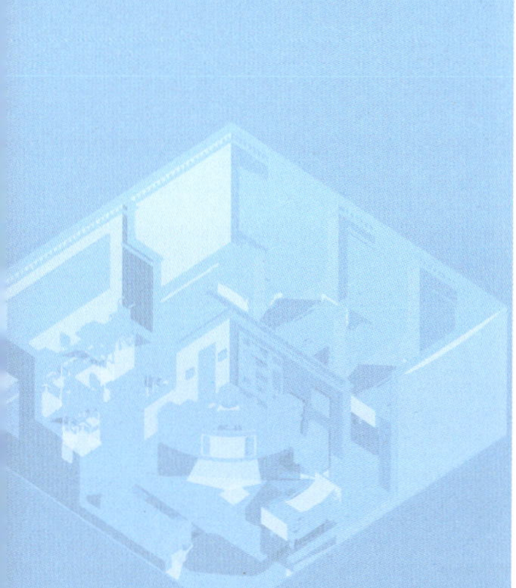

CHAPTER 6

随着老龄化时代到来，适老化设施变得越来越重要。如何通过室外环境的设计传递对老人的情感关怀？这将是我们在设计中面临的一个挑战。

应对之策应该是融合所有激发我们灵感的概念，包括自然地貌、人文历史、艺术、科学知识和经验，围绕老年人的身体机能、运动能力、精神状态等方面，以疗养治愈、康体健身、休闲交流、娱乐生活等为目标展开环境设计探索，为老人打造一个人性化且独特的生活乐园。

本章将从室外活动场地设计和景观设计两大方面来探寻人人老有所养、多维关怀的生活愿景。

6.1 室外活动场地设计

本节打破传统养老院空间形式与功能的局限，采用多元化的设计手法，并引入社区化的场地营造策略。在满足老人物质需求的前提下，实现老人的精神富足，打造“老有所养、老有所为、老有所乐”的美好愿景。

设计时要充分遵照适老化、无障碍、安全性、易于识别、易于控制和选择、易于到达、易于交往等原则，进行道路、标识、桌椅、绿化体系的设计。

6.1.1 场地交通组织设计

养老建筑周边的交通组织设计应重点考虑老人适宜的活动半径，宜采用人车分流的组织形式，在保障功能区紧密联系的同时，有效避免机动车运行的影响，保障老年人必要的活动安全。建筑空间内部交通组织设计应保证老人与工作人员的活动流线简洁畅通，主要出入口应与室外道路临近，并满足不同功能区之间的过渡与连接。考虑到老年人受体力影响，日常步行距离有限，室内外交通流线设计中均应注意增设必要的短时休息座椅，建议每隔30～50m距离设置，便于老年人随时驻足休息。同时考虑救护车的可达性。

（1）人车分流设计

① 车行道与人行道应区分明确。车行道和人行道的铺装可采用对比度较大的颜色，使老年人容易区分。为进一步保证老年人步行安全，还可以在人行道和车行道之间进行分隔。当用地条件比较宽裕的时候，还可以通过绿化隔离带、防护栏杆来分隔人行和车行道路。

② 机动车道应满足消防通行要求，其宽度不应小于4m。人行道应满足一辆轮椅与一人正面通行要求，其宽度不宜小于1.5m；人行道区域立体范围内要保证净空高度≥2.5m，净空高度内需要避免树枝、电线杆、路灯和其他附属物伸入（图6-1）。

（2）车行道设计

① 车行道规划不宜繁杂。

a. 车行道系统应简单清晰，避免出现复杂的路口与拐弯。

b. 车行道宜采用单向路线，尽量避免错车的可能性，方便老年人横穿马路。

② 场地应满足五类机动车辆通行要求（表 6-1）。

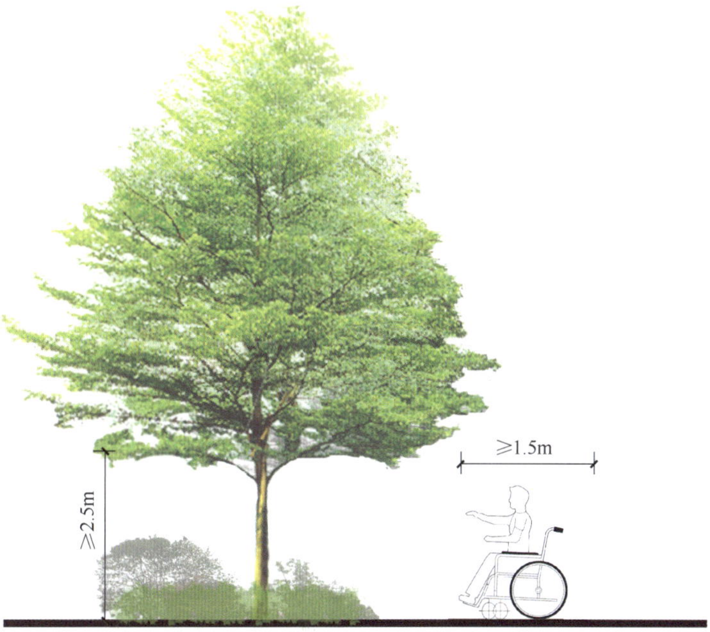

图 6-1　人行道区域立体范围内植物设计标准示意图

表 6-1　各类机动车通行及停放设计要点

类型	通行要点	停车位尺寸	停车设计要点
普通车辆	以微型、小型车为主；道路转弯半径不宜小于 6m	2.5m ×（5 ~ 5.5m）	养老设施内老人拥有车辆较少，此类停车位不必过多；但家属来探望时的客用临时车位需求较多，需要预先有所考虑
救护车辆	在医疗区旁设置独立的进出通道；周边留出适当空间，便于担架进出；道路转弯半径 7m 以内为宜	3m × 6m	优先位于地上，靠近医疗区，也可位于地下车库内；根据需要设置 1 ~ 2 个车位
后勤车辆	小型货车为主，周边预留出不低于 7m 半径的卸货场地，以道路转弯为半径	3m ×（6 ~ 7m）	停靠区域应临近厨房、洗衣房等后勤功能用房；根据需要设置 1 ~ 2 个车位

续表

类型	通行要点	停车位尺寸	停车设计要点
出游车辆	因转弯半径较大，需预留出一定面积的场地	大巴车：3.5m ×（12 ～ 14m） 中巴车：3.0m ×（8 ～ 10m）	宜位于地上，并靠近主入口；宜设置 1 ～ 2 个车位，若条件有限，可仅预留临时停靠场地；落客区宜设置雨棚
消防车辆	道路宽度不小于 4m；道路转弯半径不宜小于 9m	可不设专用车位	满足相应规范要求，并应考虑消防车临时停靠场地的需求

资料来源：摘自《养老设施建筑设计详解》。

（3）人行道设计

人行道应满足适老化要求。

① 人行道应保持连续性，减少老年人穿越车行道的频率，保障出行安全。如果车行道必须穿越人行道，则须设置醒目的提示标识，如通过改变铺地形式、设置信号灯或警示标识等形式，引起老年人注意。

② 人行道的材料不仅要防滑，还要平坦、质地均匀、无反光。

③ 人行道应尽量保证平整，或通过缓坡解决高差。人行道的纵坡不宜大于 2.5%，如大于 2.5% 则需要在坡道旁边另设踏步和扶手。

（4）停车场设计

① 停车位数量：停车位数量可较普通社区减少，可以结合入口广场或大型跳舞场设置临时停车位，既满足临时停车需求，又节约空间。

② 停车位位置：

a. 停车场中的无障碍车位应靠近建筑出入口，缩短老年人行动距离，便于他人辅助。

b. 无障碍停车位应与人行安全通道无障碍衔接，使老年人下车后直接到达建筑主入口。安全通道宽度至少为 1.2m，并与停车位之间平接。无障碍停车位旁须设置明显的标识。

c. 非机动车位宜位于地上，并靠近主入口或后勤入口设置，以方便车辆就近停放。并考虑附设电源，为电动车充电。

③ 停车位尺寸：无障碍停车位大小以长 6.0m、宽 3.0m 为宜，并在车位的右侧留出一道宽 1.2m 的轮椅专用空间供行动不便的老年人使用，在停车场及停车位处设有明显的标识和指示牌（图 6-2）。

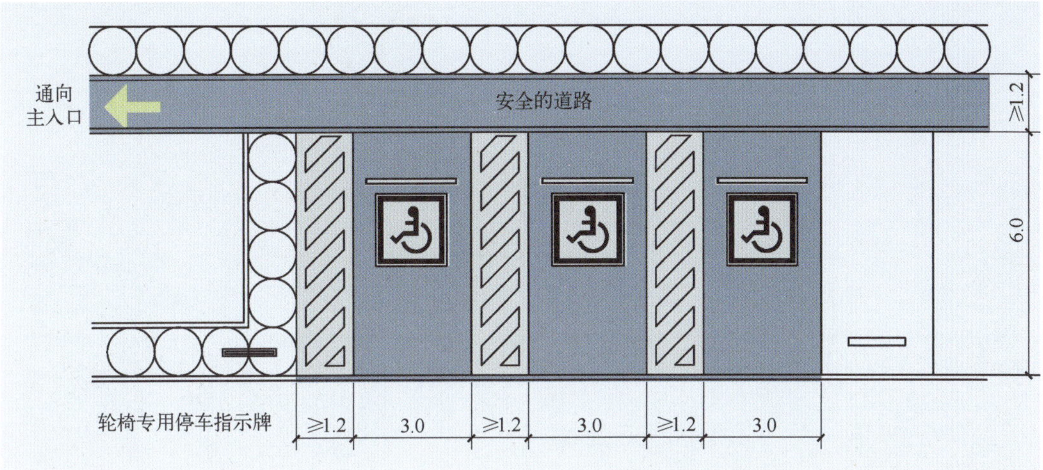

图 6-2　无障碍停车位设计示意图（单位：m）

6.1.2　场地步行系统无障碍设计

场地步行系统无障碍设计应结合老年人的步行特征，用坡道代替台阶，减少地面高差以方便轮椅通过。建筑出入口宜采用平整且防滑的平坡出入口。步行道的路面铺装宜使用渗水性较好、不反光的材料，防止雨天地面湿滑对老年人的行动造成危险。在户外照明设计中应适度增加照明灯具数量，提高环境光的照度水平，保证老年人夜间活动时的可见性与安全性，并采取措施避免直射眩光的影响。并在场地小路旁设计休息座位，提供休息空间。

步行道在有高差的地方尽量采取坡道处理，减少设置台阶；建筑出入口平台和广场在有高差的地方应采取坡道和台阶同时设置，见图 6-3。

（1）基本尺寸

① 净坡道宽度宜≥ 1.5m，对于不可避免需要设置台阶的地方，台阶应该层次分明，每段台阶的踏步数不超过 10 级；出入口平台与广场应采用缓坡和台阶过渡。

② 台阶踏步高宜≤ 130mm，踏步宽宜≥ 320mm。踏步上还应设计防滑条，采用不同颜色作用于平面和立面，加强台阶各个面的空间差异。

③ 出入口尽量选择平坡式，若建筑室内外高差较大，坡道坡度宜≤ 1/12。坡度为 1/12 的坡道每上升 0.75m 或长度达到 9m 时应设中间休息平台，平台深度不应小于 1.5m。坡道应与建筑底层墙面保持适宜的距离，宜用绿篱相隔，防止行人对底层活动的干扰。

图 6-3 建筑出入口高差处理方式案例（北京万科随园）

（2）铺装

坡道地面材料应防滑。台阶面层可采用水泥砂浆、剁斧石等材料。

（3）标识

① 入口、门厅等人员通达部位采用落地玻璃时，应使用安全玻璃，并应设置防撞提示标识。

② 台阶和坡道起点应有明显标识，如可采用差别大的颜色予以提示。

③ 安装在易于受到人体或物体碰撞部位的玻璃面板上，应采取防护措施，并应设置提示标识。

④ 场地和建筑应设置符合使用者认知特点的标识系统。交通空间应清晰、明确、易于识别，且应有规范、系统的提示标识。

⑤ 无障碍标识应纳入室内外环境的标识系统，应连续并清楚地指明无障碍设施的位置和方向。

⑥ 无障碍标识的安装位置和高度应保证从站姿和坐姿的视觉角度都能够看见，并且不应被其他物品遮挡。

⑦ 无障碍设施处均应设置无障碍标识；对需要安全警示处，应提供包括视觉标识和

听觉标识的警示标识。

⑧ 无障碍机动车停车位的地面应设置停车线、轮椅通道线和无障碍标识，并应设置引导标识。

⑨ 无障碍通行流线在临近地形险要地段处应设置安全防护设施，必要时应同时设置安全警示线。

（4）防护设施

① 台阶两侧应设置连续扶手，中间加设扶手，宽度大于 3m；坡道两侧应设置连续扶手，扶手应安装牢固，并注意扶手的手感和耐久性。坡道起止点的扶手端部宜水平延伸 300mm 以上。

② 台阶与坡道的扶手两侧应设侧面支撑，起到加固扶手的作用。

③ 台阶与坡道侧面临空时，应设安全阻挡设施，如在栏杆下端设高度不小于 50mm 的安全挡台，防止老人拐杖杖头滑出。

④ 台阶与坡道两侧应设地灯，照亮地面。

6.1.3　室外庭院设计

与自然和谐相处，必将增进人们的身心健康。庭院设计要注重“视、听、触、味、嗅”五感体验，通过感官环境设置综合刺激人体五感，从而起到缓解压力、安抚情绪、恢复精神和复健心灵的效果。风铃装置、虫鸣鸟叫、植物与水的特性可以刺激听觉体验，水的质感、互动小品与材质变化刺激触觉体验，药用芳香植物营造的嗅觉体验有助于增强免疫力，而康体卵石道地面可以加强锻炼老年人的前庭系统和感觉系统，见图 6-4。

图 6-4　建筑庭院景观鸟瞰图（北京万科随园）

（1）设计原则

① 应避免活动场地中出现各种危险因素。

a. 场地尽量平缓，减少高差。如有小台阶或坎坷，需要设置坡道，便于使用轮椅或助步器的老人通行。

b. 场地应选择平整防滑、渗水性强的材料，并确保雨后排水通畅，避免老人涉水滑倒。

c. 场地内不应饲养大型、凶猛的动物，防止冲撞或惊吓老人。不能种植有毒、多刺的植物，以避免意外扎伤老人。

d. 场地设计要避免引起老人心理或生理不适，宜避免高架的空中连廊、阴暗隐蔽的场所、狭窄的道路或陡峭的台阶等。

② 室外活动场地应在室内人员的视线范围内，当老人在室外发生意外情况时，可以及时被关注到，便于采取相应的急救措施。

③ 让管理区、前台和公共起居室等空间内的工作人员或其他人，可通过窗户及时了解室外场地的活动情况。

④ 老人活动场地不应被树木遮挡得过于隐蔽，应该保证视线通畅。当老人出现意外情况时，能够被他人及时发现。

（2）创造丰富性

① 场地应在有限的空间内提供更多的活动可能性，使多种功能共存，其中主要包含老人活动健身场地、休闲社交场地、景观绿化场地和儿童活动场地等。

a. 活动健身场地应广阔开放，能够满足多种功能要求，如打球、练剑、做操等。沿边宜设置运动器械，可和儿童游戏场所邻近，便于老年人和儿童互动交流、相互观望。

b. 观赏草坪不宜大面积配置景观绿化场地，应充分考虑老年人的参与性。绿地中可布置不同类型的园艺种植区、动物区，让老年人认领花圃、小动物，参与劳动，刺激五感。

c. 在大多数老人能够看到的场所设计一个亲子互动乐园场地，使其成为视觉中心。儿童的身影和活力能给老人带来欢乐和积极的情绪，也能为带孩子来探望的家属提供方便。

② 可运用“因地制宜”和“以小见大”设计手法，融合城市、山脉与海洋的地域特色，利用当地丰富的资源，在小尺度的场地里再现当地辽阔的自然景观。

③ 可以打造全龄化养老社区，结合项目性质和后期运营的多样化，可根据独立养老—护助养老—护理养老三个阶段的不同需求，设计符合全生命周期需求的景观。

④ 可对建筑的立体动线围合的公共空间加以探索，在视觉上对立面设计营造趣味性，保证老人在庭院的驻留时间和感受。

⑤ 场地应配置遮阳挡雨的廊架、亭、伞、树等设施和植物，通过设计无障碍风雨环廊或者环形布局，在满足日照要求的同时也能起到防雨效果。用连廊将庭院、中庭、屋顶花园、休息空间、公共空间相互连接并延伸到建筑室内，通过自然构建体验，促进室内外的交流和对话，帮助老人与自然相处，从而振奋身心，设置亲水休闲卡座以营造惬意的户外交往区，连廊中配有综合服务设施，可以为老人提供基本的热水、清洁、储物等服务。(图 6-5)。

图 6-5　建筑室外连廊实景图（北京万科随园）

⑥ 通过在空间规划中设计各种“聚会空间”，鼓励多类型的活动互动，例如沿着小路周围安排运动空间和私密静谧的休闲户外空间如小剧场、竹园、展览空间等。还可以设置花艺操作平台，便于老人触摸植物、亲近自然，从而找到一种归属感和参与感 (图 6-6)。

图 6-6 室外休息空间（北京万科随园）

6.1.4 室外中庭设计

中庭作为可对老人开放的空间，设计中要注重营造休闲氛围和空间体验，强调功能实用性及老人间的互动性，为入住者提供丰富多彩的生活空间，与社会共存并产生各种各样的联系（交流）。中庭是重要的亲和空间。

中庭的尺度要适宜，应与原有建筑形成有趣的对比，不宜过大过窄过长，边缘应为老人提供驻足停留的空间和休息座椅。

中庭在位置选择上要便于老人和护理人员看到，也可以临近室外庭院，结合庭院的位置打造一体化景观。在封闭的室内空间中引入自然开敞的绿色景观，在静态环境中引入动态元素，在冰冷的建筑材料中引入富有生机的自然材质。要保持以自然状态回归本真的设计理念，利用景观、小品等完成以自然为灵感的景观设计，提高老人对事物的热情。

考虑到后期运行管理模式不同，为便于特定时期养老院实行封闭式管理，可以在每个护理单元设置一处中庭，通过造景把大自然的绿色引入室内，利用富有动感的流水声让室内氛围得以舒缓。

可以将“自然”“文化”“美学”融入中庭设计之中。自然，实现中庭森系一体化；文化，表现中国文化的细节底蕴；美学，在日常生活中感受艺术的美丽。加入丰富的自然森林元素使中庭一体化，用现代的表现手法凸显中国文化的细节底蕴，让人在日常生活中也能感受艺术的美丽。砖、石、木、金属装饰、编织等元素的巧妙融合运用，使“自然、文化、美学”紧密结合在一起（图 6-7）。

图 6-7　室内中庭实景图（北京首厚・大家养老机构）

对于中庭空间的软装建议采用木材、竹编、布艺软包等对老人友好的材质，并保持与硬装材质的色彩基调一致。同时，减少固定家具和雕塑的使用，方便根据老人需求举行不同类型的社交活动，增加室内活动的灵活性（图 6-8）。

图 6-8　室内中庭家具摆设实景图（北京首厚·大家养老机构）

6.1.5　屋顶花园设计

针对项目用地紧张、室外活动场地不足的情况和改造的养老建筑，可在低层建筑或裙楼的屋顶设置屋顶花园。屋顶可作为补充场地，承担一些专项活动，如设置花园、小型种植区、休闲茶座等。屋顶花园可以提供更多的开放空间和多样化的屋顶环境，既能净化空气、改善局部小气候，也能提升绿化面积，还可为建筑周边的其他公共空间提供立体的景观视野，是一种值得大力推广的屋面形式。

① 要处理好从室内进入屋顶场地的高差，在建筑设计中可采用屋顶降板等手法，减小高差，满足无障碍使用要求。提前考虑景观植物形式，预留足够结构荷载。不应布置较多的空调室外机和大量排气道、排气管。防护围栏应设置在屋顶四周，高度应在 1.3m 以上，坡度在 1 ∶ 2.2 以上的屋面，防护栏杆要高 1.5m。

② 景观道路宽度均≥ 2.4m，给轮椅自由通行留有安全尺度。地面采用防滑材料，场地边缘倒圆角处理，保证老人活动安全。

③ 屋顶花园照明设计应选用具有诱灭虫功能的灯具。

④ 园林小品及公用设施应选择质轻、环保、安全、牢固的材料，设置在建筑墙体、承重梁位置，高度不得大于 3m。

⑤ 整体设计上可以考虑自然取材与现代材料的碰撞与融合，弱化场地的规整感，从

而达到与自然融为一体的效果。可结合地形，运用一些杂木、砾石、灌木、水系等景观小品设计，营造多个立体的休憩、观景区域，为老人提供更好的空中景观视野。结合地形从地面设置缓慢上升的活动空间和屋顶花园，装点成为一个幻境般的花境迷森，模糊景观与建筑的界限，使得老人有沉浸式的体验感（图 6-9、图 6-10）。

图 6-9　室外地形复杂设计意向图（泰康宁波甬园养老机构）

图 6-10　室外屋面造型设计意向图（武汉旭辉・千山凌云 / 山水比德）

⑥ 通过多个景观中心结合立体构筑（如屋顶的设备机房、水塔、竖井等）来打破平面关系，衍生多个几何状绿岛，彼此嵌入关联，使空间具备更多韵律与层次（图 6-11）。

图 6-11　室外屋面景观设计意向图（泰康宁波甬园养老机构）

⑦ 通过与建筑中庭、周边环境相结合，设计泳池将自然景观进行延续，使得老人有开阔的视野体验（图 6-12）。

图 6-12　室外游泳池意向图（泰康宁波甬园养老机构）

⑧ 通过细部的改造和修饰性的外立面营造隐约的层次感。设置露天休闲区，老人可以在充满绿意的“空中菜园”健身怡情。

6.2 景观设计

环境心理学研究已经确定了景观在许多方面对人类的影响，其中包括审美、健康和幸福感。总的来说，自然景观比城市景观对健康有更强的积极影响。项目中丰富多样的自然景观，不但对老人的心理和身体健康有着重要的影响，而且为工作人员、看护人员带来了放松的工作环境。

6.2.1 设计原则

通过对“新一代老年群体”行为、心理、精神层面的深度分析，我们认为符合新时代需求的康养体系应有着文化心理方面的认同感和景观互动黏性，在融入文化休闲元素的同时又有个性化的情境模式，并可以集颐养、休闲、娱乐、生活多元于一体。经过多方调研与探索总结得出：可以通过园艺塑造、景观疗法、情境渗入、多维关怀、价值认同的模式，为老人打造具有“景观疗愈”功能的新时代康养社区。在整体空间布局中通过在入口、中庭、后院空间进行特殊的景观设计，并赋予闲适、自然、惬意的意境格调，可以让生活在其中的老人在与景观的互动中体验到自然愉悦带来的心理和生理效果，达到陶冶情操、减少压力以及愉悦心情的目的。

（1）养老空间的活动区宜分为动态活动空间和静态活动空间

① 动态活动空间一般为具有一定规模的广场，以健身活动为主。动态活动空间周围应设休息设施，结合亭、廊、花架、座凳、台面等景观构筑物，以利于老人活动后休息，也方便老人在视线以内放置个人物品。动态活动空间广场设置较为宽敞，场地用不同肌理的毛面材料交错布置，既平坦又防滑。动态活动空间还要考虑设置一些慢跑道或散步道。散步道长度宜长且闭合，可以环绕各个景观点，使老人能在散步途中随时交流；步行难度方面可呈多样性，让老人按自身情况选择路线。散步道两边的种植设计应注意保持视线畅通，有利于增加老人的安全感。同时在适当的距离应设置休闲座椅，方便老人停留休息。

② 静态活动空间主要供老人晒太阳、下棋、聊天等，可利用大树荫、廊、花架、弧形座椅等围合空间，既要保证夏季有足够的遮阴，又要保证冬季有足够的阳光。场地座椅最好是多人座，空间尺度也不能太小，以便老人活动与交流。

（2）将保障老人的使用安全作为设计基础

花园空间必须让老人有安全感，既要有被保护的感觉，又不能有束缚感，还要充分考虑各类意外发生的可能性，提前采取必要的设计措施，以降低老人在户外活动中发生事故的概率。支持老人独立生活：通过适老化、无障碍设计，为老人的独立生活提供支持，减少对子女及社会照顾的依赖，提高老人独立生活的质量，并保持老人自由的生活状态。

（3）考虑便捷性和独立性并加强老人对场地的控制感

由于丧失控制而产生的抑郁对人体免疫系统会产生负面的影响。所以，花园设计必须多样化：既适宜独处又方便聚会；既可享受阳光又可遮阴纳凉；既有开阔视野又有方寸景观；固定式和移动式座椅兼备；道路系统四通八达，从而巧妙地增强老人对于花园景观的整体控制能力。

（4）广泛运用自然元素增加亲切感

自然景观可以增强人们的幸福感，花园内的自然景观在总景观中应占有至少70%的比例。自然元素——植物、阳光、水体、动物、花香可以缓解压力、降低血压，给人们带来幸福感。通过自然采光和自然的声音，老人能亲近自然，感受自然给予的积极作用。

6.2.2 景观小品设计

（1）座椅

① 座椅的空间布置：

a. 座椅应当面向场地或者道路设置。

b. 夏季能够适当遮阳，通过植物或者景观构筑物设计也可以对冬季的寒风进行有效遮挡。

c. 座椅布置方式可以采取L形、U形或者弧形，还可根据老人的需求自由移动。

② 座椅的设计要点：

a. 座椅尺寸应符合老人体形和行为习惯。座椅坐面宽度宜在360～450mm之间，靠背高度宜在450～550mm之间，座椅靠背的角度不能向后倾斜太多，与坐面大约成100°夹角，靠背的两端应有突出式把手。座位前缘高度应介于340～430mm之间。

b. 座椅下方留有一定空间，避免直壁或类似横杆的设计。

c. 座椅设扶手。扶手两端应当圆滑，避免直角或者锐角出现，防止老人因磕碰或者钩住衣物而产生意外。座椅扶手的高度设计在180～250mm较为适合。

d. 在座椅旁空出900～1200mm的宽度以供乘坐轮椅的老人使用，便于轮椅老人与其他老人的交流。

e. 在空间允许和有需求的情况下，可设置一个900mm×1800mm线形的木质长椅，长椅的长度应能容纳2～4个人。

f. 座椅的材料应当选择热传导性差的材料，例如经过防腐处理的木质材料或者人工仿木材料。

（2）园艺设施

① 抬高的种植池下部宜进行内凹式设计且高度不少于750mm（图6-13）。

② 与道路线平行的场地，应保证宽度不少于 1200mm 的轮椅老人操作空间和不少于 900mm 的他人过路空间（图 6-13）。

③ 双层花池高度为 1.2m（图 6-13），其他类型的园艺操作空间尺寸见图 6-14。

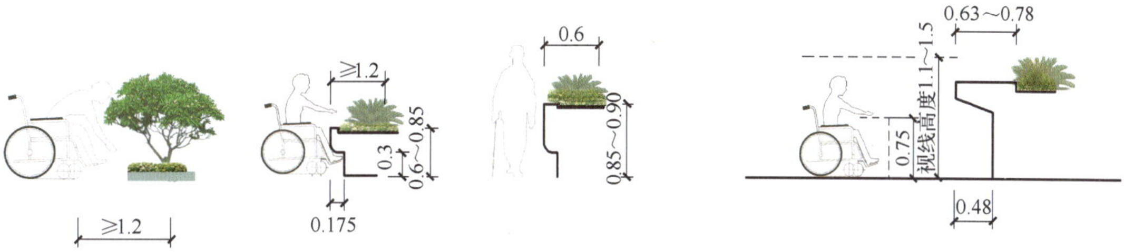

图 6-13　抬高的种植池及相应设计尺寸（单位：m）

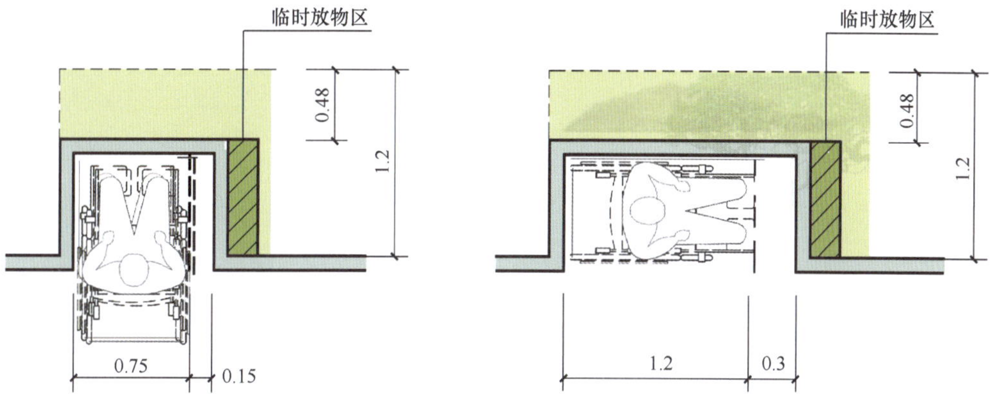

图 6-14　园艺操作空间相应设计尺寸（单位：m）

（3）健身器材

① 避免选择大型、重型的健身器材。应以轻便、易操作、易掌握的健身设施为主，并且应当配有器材使用说明和图示。

② 器材设施避免有尖锐的棱角。

③ 地面铺装规则统一，铺装材质选择耐压、耐磨、透水和防滑的材料。例如可以选择橡胶场地，或者用透水性较好的透水砖铺设。

（4）储物设施

① 宜在活动场地布置一些小型储物柜和不同高度的衣架，或者在一些景观构筑物上设计既可以挂放衣服，同时还不影响美观的装饰等。

② 储物设施不仅为老人提供了存放物品的功能，还可以放置一些急救设备，例如可以放置急救药箱、折叠担架或通信器材等。

（5）雕塑

① 雕塑高度宜在 1150 ～ 1750mm 之间。

② 雕塑设计宜融入记忆元素，增强老人对雕塑作品的归属感。

（6）扶手

① 在有轮椅老人使用的情况下，应设计双层扶手。

② 扶手的设计应当保证连续性。

③ 扶手的端部设计需防止端头钩住老人的衣袖或者导致老人磕绊，可以采取向墙壁弯曲或者垂直向下方弯曲的设计。

④ 扶手的握杆直径为 30 ～ 40mm，距离墙或者构筑物一侧应留有 40 ～ 60mm 的空间。如果是双层扶手，低的扶手应该比高的扶手直径更小，同时更加偏向外侧。

（7）防护栏杆

① 防护栏杆应由上、中、下三道横杆及栏杆柱组成，上杆离地高度为 1.1 ～ 1.3m；中杆离地高度为 0.8 ～ 0.9m；下杆离地高度为 0.2 ～ 0.3m。坡度大于 1 ∶ 2.2 的屋面，防护栏杆应高 1.5m。横杆长度大于 2m 时，必须加设栏杆柱。

② 栏杆柱固定并与横杆连接，其整体构造应使防护栏杆在上杆任何处，都能经受任何方向的 1000N 的外力。

（8）垃圾箱

① 垃圾箱的布置和设计应当遵循使用便捷、安全卫生的原则。

② 根据老人对垃圾箱使用的情况可以将其分为厨余垃圾箱和轻便垃圾箱两类。垃圾箱应当临近单元门口进行布置，建议采取脚踏式垃圾箱。轻便垃圾箱，可供老人在户外活动的时候使用。

（9）水景

① 安全性。水景设计应当有安全缓冲区域，水深不超过 600mm。近水面或者路桥的位置两侧设置防护栏杆。

② 功能性。在设计水景的时候考虑人与水的互动性。另外，将水面进行抬升设计，方便老人与水有近距离的接触。抬高的水景设计使得老人更加容易亲近（图 6-15）。

③ 经济性。不宜进行大量和大型的水景设计，宜小而精、少而全。

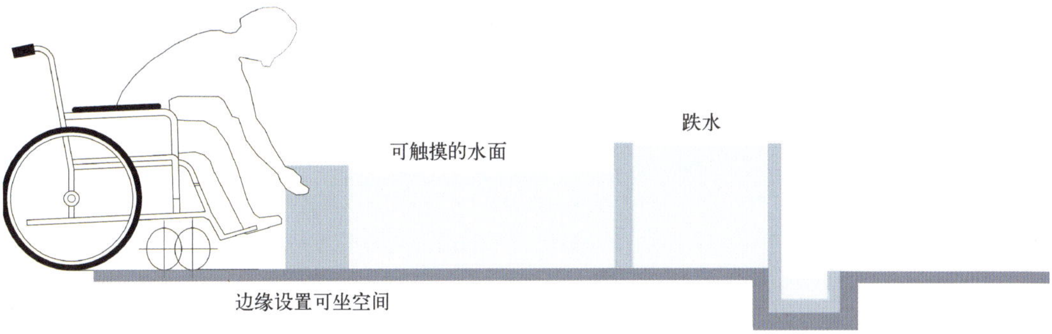

图 6-15　抬高的水景设计使得老人更加容易亲近

6.2.3　景观植物设计

植物设计以安全性、特色性、功能性为主，重点引入四季盛开的香花植物，保证四时景观的多样性，利用植物的精心配置，给老人最舒适的视觉和嗅觉体验。

（1）园区植物选择

① 植物色彩合理搭配。宜使用老人更容易接受的红色、橙色、黄色等暖色调和鲜亮的植物。在植物设计中应该考虑色叶植物的季相变化，适当设计观枝干植物和观果植物等（表 6-2 ～表 6-6）。

② 谨慎、合理使用芳香植物。

③ 增进老人与植物的接触。

④ 根据植物特有属性合理选择和搭配植物。

表 6-2　常见观枝干植物及颜色

颜色	代表植物
紫红色 / 红褐色	红瑞木、紫竹、马尾松、山桃、稠李、金钱松、樱花等
绿色	梧桐、青杨、竹类、棣棠、国槐、迎春等
黄色	黄桦、金镶玉竹、连翘等
白色或灰色	毛白杨、白桦、胡桃、山茶、白桉、朴树等
斑驳色	白皮松、榔榆、悬铃木、木瓜等

表 6-3　常见观叶植物及颜色

分类		子目	代表植物
季相色叶植物	秋色叶	红色 / 紫红色	黄栌、乌桕、漆树、卫矛、黄连木、地锦、樱花、小檗、山楂、南天竹、花楸、槭树科植物等

续表

分类		子目	代表植物
季相色叶植物	秋色叶	金黄色 / 黄褐色	银杏、白蜡、槐、柳、杨、榆、栎、枣、悬铃木、梧桐、水杉、栾树、紫荆、紫薇、无患子等
	春色叶	红色 / 紫红色	臭椿、红叶石楠、卫矛、黄连木、五角枫、枫香、枫杨、南蛇藤、茶条槭、鸡爪槭、南天竹、火炬树、乌桕、红栎、小檗等
常色叶植物	彩叶脉	白色 / 银色	银边常春藤、银边黄杨、银边八仙花、花叶芋等
		黄色	黄脉爵床、黑叶美叶芋等
		红色	红边朱蕉、紫鹅绒等
	彩色叶	红色 / 紫色	美国红栌、红叶小檗、红叶景天、红叶碧桃、紫叶矮樱、紫叶李等
		黄色 / 金黄色	金叶女贞、金山绣线菊、金焰绣线菊、金叶圆柏、金叶接骨木、金钱松、金叶风箱果等
		白色 / 银色	银叶菊、银叶百里香等

表 6-4 常见观果植物及颜色

颜色	代表植物
红色 / 橘红色	卫矛、平枝栒子、山楂、天目琼花、南天竹、红果冬青、海棠、九里香、樱桃、石榴、木香、风箱果、山茱萸、郁李等
紫蓝色 / 黑色	八角金盘、葡萄、女贞、海州常山、十大功劳、西洋常春藤、接骨木、稠李、无患子、小叶朴、金银花、灯台树、君迁子等
黄色 / 橙色	银杏、柿子、金橘、楝树、金枣、柑橘等
白色	珠兰、红瑞木、玉果南天竹等

表 6-5 常见芳香植物的气味及作用

植物名称	气味	作用
茉莉	清幽	增强机体抵抗力，令人身心愉悦
栀子花	清淡	消毒、杀菌、使人放松

续表

植物名称	气味	作用
白玉兰	清淡	杀菌、提神养性、净化空气
桂花	香甜	除疲劳、宁心脑、平气喘、通经络
木香	浓烈	提神、增进食欲
薰衣草	芳香	凝聚心神、祛除紧张、治疗失眠
米仔兰	淡雅	健脾、清脑提神、净化空气
玫瑰花	甜香	消毒、抗菌、使人身心爽朗愉悦
荷花	清淡	清心凉爽、安神静心
薄荷	清凉	杀菌、消除疲劳、清脑提神、增强记忆、健胃利肝
丁香	辛甜	使人沉静、轻松，具有疗养的功效
迷迭香	浓郁	抗菌、抗氧化、有助于养生、增进消化功能
藿香	清香	清醒神智、理气宽胸、促进食欲
罗勒	辛香	净化空气、提神理气、驱蚊
紫罗兰	清雅	提神醒脑、使人清爽
七里香	辛甜	驱蚊、净化空气
鼠尾草	芳香	激活神经、使人迸发活力、可祛风镇痉
紫苏	清淡	散寒解表、理气宽胸、润肺消痰
牛至	芳香	消炎祛痰、预防流感、助于消化
肉桂	浓烈	理气开窍、增进食欲

表 6-6 常见观花植物及颜色

季节	红色系	白色系	黄色系	紫色系	蓝色系
春	山桃、山杏、碧桃、海棠、樱花、木槿、牡丹、芍药、瑞香、杜鹃、锦带花等	白玉兰、山桃、广玉兰、山杏、梨、山茶、火棘、流苏树、接骨木、稠李、含笑、络石等	棣棠、连翘、蜡梅、结香、金钟花、黄兰、相思树、芒果、黄素馨等	紫荆、映山红、紫藤、紫丁香、楝树、三角梅、泡桐、瑞香等	风信子、蓝花楹、矢车菊、鸢尾等
夏	合欢、扶桑、凌霄、红紫薇、楼斗菜、香花槐、金焰绣线菊等	茉莉、七叶树、花楸、木绣球、天目、琼花、槐、太平花、木香、栀子花、玉簪等	锦鸡儿、卫矛、万寿菊、黄槐、鸡蛋花、栾树、鹅掌楸等	木槿、油麻藤、紫薇、牵牛花、藿香蓟等	鼠尾草、乌头、飞燕草、马蔺、耧斗菜、鸢尾、八仙花、婆婆纳等
秋	木芙蓉、大丽花、羊蹄甲、扶桑等	木槿、八角金盘、胡颓子、九里香、油茶、银薇等	桂花、金合欢、菊花等	九重葛、钱日红、翠菊等	风铃草、藿香蓟等
冬	一品红、秋牡丹、红梅、山茶等	梅花、鹅掌柴	蜡梅		

（2）屋顶绿化植物选择

① 原则上不用大型乔木，有条件时可少量种植耐旱小型乔木，以低矮灌木、草坪、地被植物和攀缘植物等为主。

② 应选择须根发达的植物，不宜选用根系穿刺性较强的植物，防止根系穿透建筑防水层。

③ 选择易移栽、耐修剪、耐粗放管理、生长缓慢的植物。

④ 选择抗风、耐旱、耐高温的植物，选择抗污性强，可耐受、吸收、滞留有害气体或污染物质的植物。

6.2.4 景观照明设计

养老建筑中的景观照明设计是一个综合考虑老年人生理、心理及安全需求的重要方面。归纳总结以下几个原则：

（1）安全性考量

① 光线充足且柔和：老年人的视力普遍较弱，对照明环境的敏感度较低，因此景观照明设计应确保光线充足且柔和，避免产生强烈的眩光和阴影，以减少因视线不清而导致的摔倒风险。

② 选用安全性能高的产品：照明设备应选用防水、防尘、防摔等安全性能高的产品，以确保老年人的使用安全。

（2）满足功能性需求

① 分区照明：不同区域的景观照明需求不同，应根据实际需要进行灵活调整。例如，在步道、台阶等区域设置足够的照明设备，以确保老年人能够清晰地看到周围环境；在休息区、观赏区等则可采用柔和的照明方式，营造宁静舒适的氛围（表 6-7、图 6-16）。

表 6-7　不同照明灯具的设置要点

照明灯具	设置要点
庭院灯	活动场地及小型广场用灯，灯高在 2.5 ～ 4m 之间
草坪灯	配置在园艺花坛附近，灯高在 0.3 ～ 1.2m 之间
壁灯	安装在建筑外墙及围墙上，一般用于出入口附近
脚灯	多采取附墙式安装在台阶附近，高度在 0.2 ～ 0.3m 之间

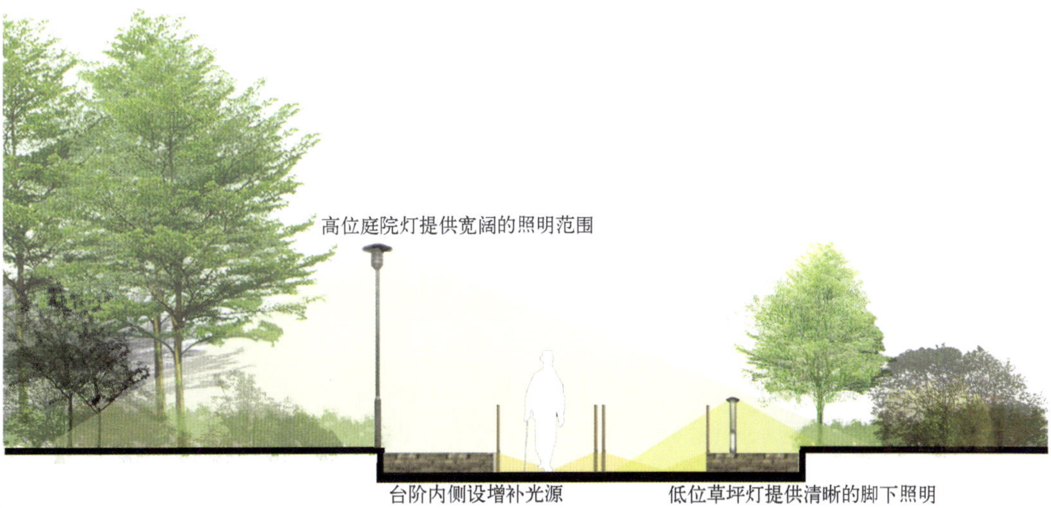

图 6-16　在有台阶和坡道的位置布置高度不同的照明设施

② 智能控制：通过智能照明控制系统实现对照明设备的远程控制和场景设置，方便管理人员进行统一管理和维护，同时也能根据老年人的实际需求调整照明环境，提供更加个性化的服务。

（3）舒适性设计

① 色温与亮度：采用低色温、高显色性的LED灯具，模拟自然光的效果，减少视觉疲劳，营造出宁静、安详的氛围。同时，照明亮度应适中，避免过强或过弱的光线对老年人的视觉造成不适。例如：光源分布应当均匀，具有持续性和边界性，建议高位庭院灯的布置间距在12m左右。同时对于社区道路照明来讲，布置一侧的照明灯就能够满足使用需求。

② 光影效果：通过合理的灯光布局和光影效果，增强空间感，使原本有限的景观空间显得更加宽敞、明亮。设计师可以利用光影的对比和变化，营造出丰富的空间层次和质感，使景观更加生动、有趣。

（4）人性化关怀

① 便捷性：电源开关应设计在离人近且方便触及的位置，便于老年人操作。同时，可以采用一灯多控或多灯一控的方式，但避免过于复杂，以确保老年人能够轻松控制灯光的强弱。

② 情感交流：景观照明不仅是光与影的组合，更是情感与关怀的传递。通过柔和而温暖的灯光，营造出温馨、宁静的氛围，让老年人在其中感受到家的温暖和关怀。

（5）节能环保

① 选用节能型产品：在选择照明设备时，应优先考虑节能型产品，如LED灯等。这些产品不仅具有较长的使用寿命，而且能够显著降低能源消耗和碳排放量。

② 智能调控：通过智能照明控制系统实现对照明设备的智能调控，根据实际需要调整照明亮度和时间，进一步降低能源消耗和运营成本。

③ 灯光照明设计应避免使用反光材质，注意灯源的高度和角度，利用有效光源，避免眩光的产生。

很多情况下建筑适老化设计得很好，但是到了后期景观设计，缺乏统一管理，投资方和运营方的理念发生变化，使得景观设计草草了事，前期方案理念和最终效果不一致。怎样才能确保景观设计理念完成度更高，这是一个值得思考的问题。我们认为想要项目最终理念得以呈现，景观设计团队要在早期加入与建筑师和运营方的协调设计中，与建筑师在建筑体量、位置、布局上进行共同探讨，为场地获得更多开发机会，以争取景观空间最大化。并且在施工后期景观设计团队应与施工方紧密合作，才能建造一处高质量、安静、舒适、优美而祥和的场所。

第7章

消防及安全设计

CHAPTER 7

养老设施使用人群大多行为能力较弱，有些人在日常生活中亦需要他人协助活动。另外，随着土地开发利用率的提高、新型技术的加入，建筑的设计高度也比以往更高，竖向疏散人数更多，人员整体疏散更加困难。对于为老年人提供照料服务的公共建筑，为保证在紧急疏散过程中人员及时安全逃生，在消防设计中对于此类建筑高度提出了要求。需要注意的是，老年大学、老年活动中心、老年人住宅不属于老年人照料设施，但建议设计时参照此部分标准。

根据《建筑防火通用规范》（GB 55037—2022）4.3.5 条，老年人照料设施的布置应符合下列规定：对于一、二级耐火等级的建筑不应布置在楼地面设计标高大于 54m 的楼层上；对于三级耐火等级的建筑，应布置在首层或者二层（图 7-1）。

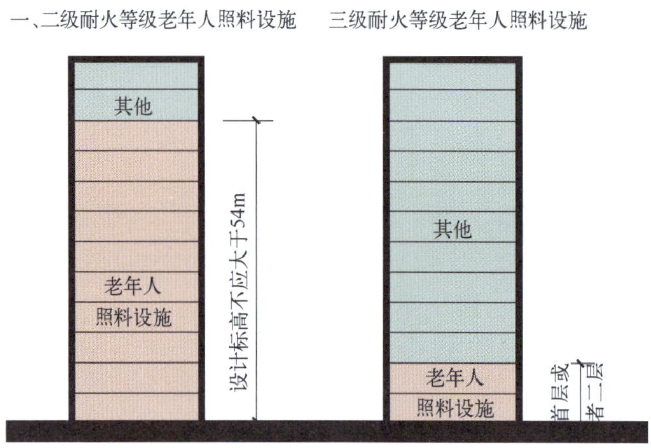

图 7-1 养老建筑高度要求

此高度要求除了考虑疏散难度外，同时也兼顾我国消防救援能力的有效救援高度。无论是改造项目还是新建项目均需要满足这一标准，改造建筑设计中老年人照料设施宜设置在下层，同时老年人照料设施部分的建筑层数、建筑高度或所在楼层位置的高度应符合《建筑设计防火规范》的规定（图 7-2），且此部分在设计中要有独立的交通系统和对外出入口。

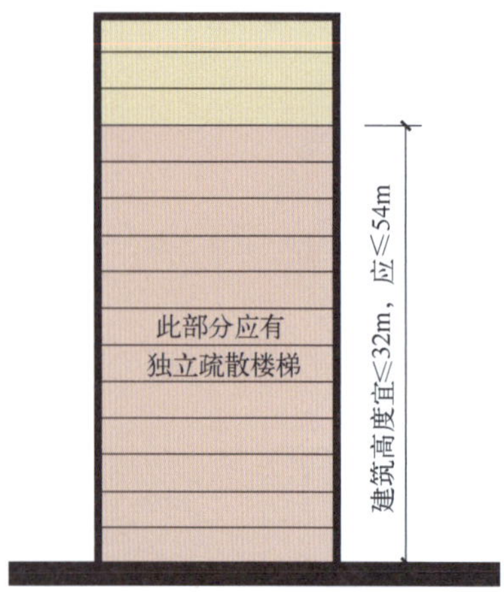

图 7-2 与其他功能合建时建筑高度要求

7.1 安全疏散和避难空间

养老设施的建筑项目因为使用人群的特殊性，在消防疏散和避难空间的设计中都有严格的规范要求；原有建筑改造设计中也需要结合地方规范，按照《建筑设计防火规范》（GB 50016—2014）（2018 年版）进行消防设计。

7.1.1 房间疏散门

在养老设施的建筑设计中需要注意房间疏散门的设计要求，除位于走道两侧且房间面积小于 50m^2 的功能空间外，其余房间均需要设置 2 个净宽不小于 0.9m 的疏散门，疏散门的宽度需要根据房间使用人数计算，且两个疏散门最近边缘的水平距离不应小于 5m（图 7-3）。另外，老年人居住用房门的开启净宽度不应小于 1.20m，且需要向走廊方向开启或采用推拉门。

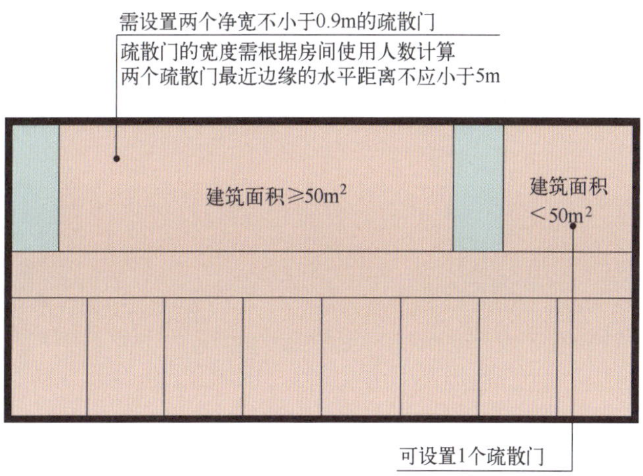

图 7-3　房间疏散门要求

位于两个安全出口之间的疏散门距最近安全出口的疏散距离不应大于 25m（一、二级耐火等级），位于袋形走道两侧或尽端的疏散门距最近安全出口的疏散距离不应大于 20m。建筑内全部设有自动喷水灭火系统时，此安全疏散距离可以增加 25%，即最大的疏散距离不得超过 31.25m（两个安全出口之间）和 25m（袋形走道两侧或尽端）（图 7-4）。

7.1.2 疏散走道

在日常的设计中，公共走廊的一般净宽不小于 1.8m（详见本书 4.1.2 节中的相关内容），同时可以满足火灾时对于疏散走道宽度的要求。但在设计中还需注意使用空间疏散门的开启方向，且开启后不应对疏散走道的宽度产生影响。另外，后勤服务及其他辅助功能空间的疏散走道需要满足《建筑设计防火规范》(GB 50016—2014)(2018 年版)的规定(表 7-1)。

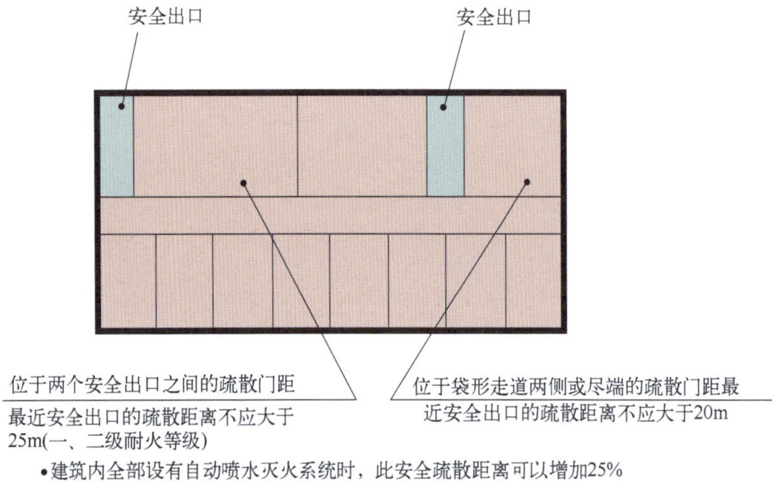

图 7-4 直通疏散走道的房间疏散门至最近安全出口的直线距离

表 7-1 疏散走道的净宽要求

多层	高层	
	单面布房	双面布房
1.1m	1.3m	1.4m

在设计中疏散走道需要尽量保证直线连通，保证走道的便捷性。面向老年人使用的疏散走道，应与日常生活中的行走路线保持统一，利于紧急情况中快速离开。

7.1.3 楼梯与电梯

在养老设施建筑设计中，楼梯和电梯作为垂直交通的重要组成部分，在安全疏散设计中占据着核心地位。鉴于老年人在行动和疏散上的特殊需求，这些设计必须充分考虑到他们的行为特点，确保在紧急情况下能够快速、安全地疏散。

7.1.3.1 楼梯设计

① 独立性：为了确保老年人在紧急情况下不受其他区域人流的干扰，养老设施建筑使用的疏散楼梯必须独立设计，不可与其他功能的楼梯合用。

② 连通性：建议老年人照料设施的疏散楼梯与敞开式外廊直接连通。当楼梯与开敞外廊相连时，能够更有效地防止烟气进入，为老年人提供更为安全的疏散环境。若无法直接连通，则应采用封闭楼梯间设计，并在高度大于 24m 的建筑中采用防烟楼梯间。

③ 连廊设计：对于高度大于 32m 的建筑，建议在 32m 以上部分增设连廊，以便将老年人居室与公共活动场所相连。这些连廊应直接与疏散楼梯、安全出口或室外避难场地连通，为老年人提供更多的疏散路径选择。

7.1.3.2　电梯设计

① 非消防时防烟措施：在养老建筑中，非消防时使用的电梯应采取有效的防烟措施，确保老年人在日常使用中的舒适与安全。

② 消防电梯设置：当火灾发生时，电梯在某些情况下可以作为辅助疏散工具。因此，对于超过 5 层且总建筑面积大于 3000m^2（包括设置在其他建筑内 5 层及以上楼层）的老年人照料设施，应设置消防电梯，以确保在紧急情况下能够正常运行，为救援行动提供便利。

楼梯与电梯设计注意事项：

① 易用性：楼梯和电梯的设计应充分考虑老年人的身体特点和行动能力，确保易于使用。例如，楼梯的坡度、宽度和扶手高度等应符合老年人的人体工学要求。

② 标识清晰：在楼梯和电梯附近设置明显的安全疏散指示标识，以便老年人在紧急情况下能够迅速找到疏散路径。

通过这些精心设计的楼梯和电梯系统，我们能够为老年人创造一个更加安全、便捷的居住环境，确保他们在面对紧急情况时能够迅速、有序地疏散到安全区域。

7.1.4　避难间

3 层及 3 层以上、总建筑面积超过 3000m^2（包括设置在其他建筑内 3 层及以上楼层）的老年人照料设施，其避难间的设置要求如下。

（1）适用范围

对于独立建造的老年人照料设施，当其单体总建筑面积超过 3000m^2 且楼层达到或超过 3 层时，需遵守以下避难间设置规定。

当老年人照料设施设置在其他建筑内或与其他建筑组合建造时，仅计算其中老年人照料设施部分的总建筑面积，若超过 3000m^2 且楼层达到或超过 3 层，同样需遵守以下避难间设置规定。

(2)设置位置

在这些设施的 2 层及以上各层，应确保在每个疏散楼梯间的邻近区域设置至少一个避难间。然而，如果老年人照料设施已经设置了与疏散楼梯或安全出口直接相连的开敞式外廊，或者与疏散走道直接相连且符合避难要求的室外平台，那么可以免除设置避难间的要求（图 7-5）。

对于介助老人，可以考虑将同层的公共活动用房或室外露台作为避难空间，以便在紧急情况下为他们提供安全的避难场所。而对于长期卧床的介护老人，则可以将他们的生活用房或卫生间设为避难间，并利用阳台增设疏散通道，以确保他们能够在火灾等紧急情况下得到及时的疏散和救援。

(3)设置标准

避难间必须提供至少 12m² 的净面积，以供老年人在紧急情况下避难使用。

(4)特殊配置

对于那些专为失能老年人服务且楼层超过 2 层的照料设施，除了满足上述要求外，还应根据设施内老年人的核定使用人数，配备相应数量的简易防毒面具，以确保在紧急情况下老年人能够得到额外的保护。

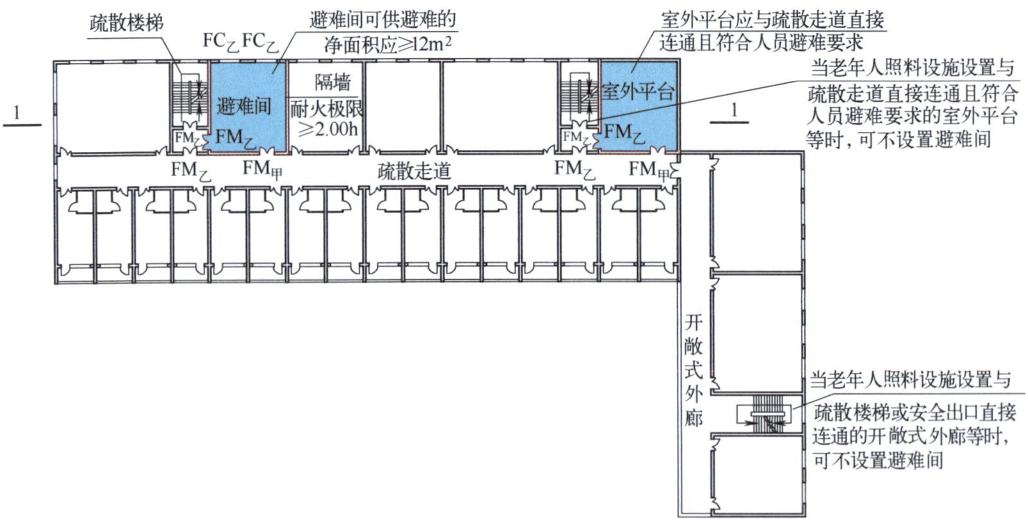

图 7-5　避难间设置平面示意图（图片来源：《建筑设计防火规范》）

(5)避难间的利用

为了充分利用空间并确保安全，可以选择利用平时使用的公共就餐室、休息室等房间作为避难间。在规划这些避难间时，必须确保从避难间到疏散楼梯间或楼梯间前室的路径能够避免穿越火灾时的非安全区域，如走廊等。同时，避难间的门应直接通向前室或疏散楼梯间，以便在紧急情况下快速疏散（图 7-6）。

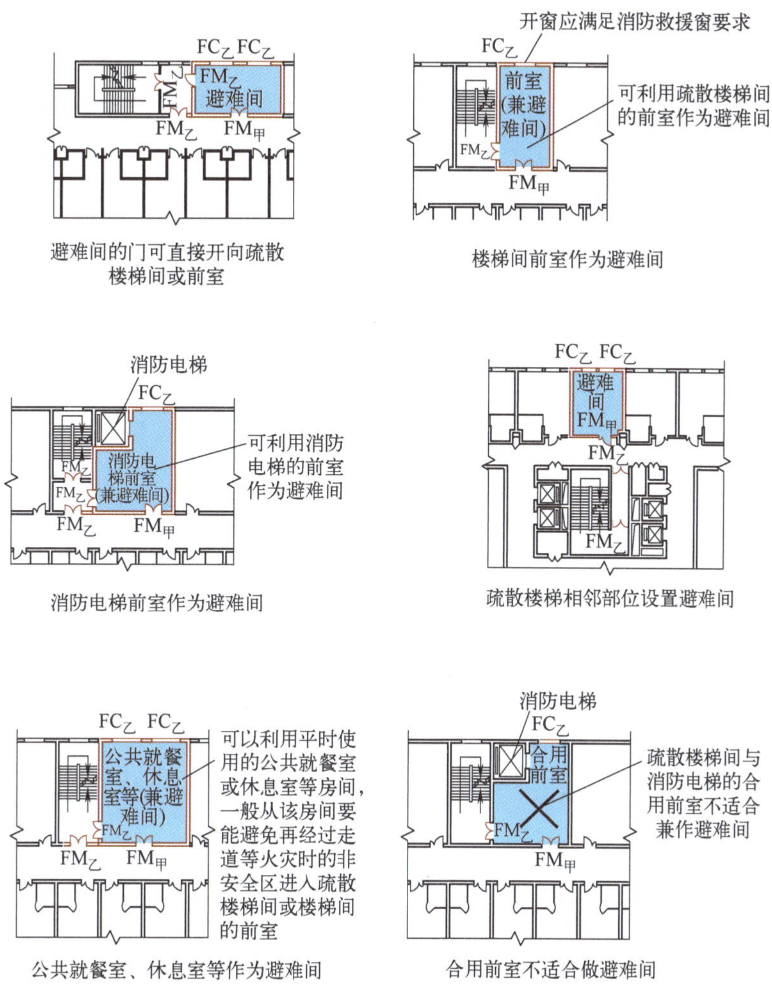

图 7-6　避难间利用平面示意图（图片来源：《建筑设计防火规范》）

（6）避难间的尺寸与布局

避难间的设计需要充分考虑其实用性和功能性。其净宽度应能满足在救援过程中方便移动担架（床）等的需求，确保在紧急情况下能够迅速有效地进行救援。同时，避难间的净面积大小应根据服务区域内老年人的实际身体状况和数量来确定，以确保有足够的避难空间。

综上所述，老年人照料设施的避难间设置应充分考虑老年人的实际需求和火灾时的安全要求，确保在紧急情况下能够为老年人提供安全、有效的避难场所。

7.2 安全设计

7.2.1 无障碍设计

养老设施建筑中供老年人使用的场地及用房均应进行无障碍设计，具体选用可见表 7-2。

表 7-2 无障碍设施选用表

<table>
<tr><th colspan="3">无障碍设计具体部位</th><th>无障碍通行设施（盲道、扶手、轮椅坡道等）</th><th>无障碍服务设施（无障碍卫生间、轮椅席位等）</th><th>无障碍信息交流设施（智能灯、门铃等）</th></tr>
<tr><td rowspan="7">场地</td><td rowspan="3">道路及停车场</td><td>主要出入口</td><td>▲</td><td>▲</td><td>▲</td></tr>
<tr><td>人行道</td><td rowspan="2">▲</td><td rowspan="2">—</td><td rowspan="2">⊙</td></tr>
<tr><td>停车场</td></tr>
<tr><td rowspan="4">广场及绿地</td><td>活动场地</td><td rowspan="4">▲</td><td rowspan="4">▲</td><td rowspan="4">⊙</td></tr>
<tr><td>服务设施</td></tr>
<tr><td>活动设施</td></tr>
<tr><td>休憩设施</td></tr>
<tr><td rowspan="6">建筑</td><td rowspan="6">交通空间</td><td>主要出入口</td><td rowspan="2">▲</td><td rowspan="2">▲</td><td rowspan="2">■</td></tr>
<tr><td>门厅</td></tr>
<tr><td>走廊</td><td rowspan="4">▲</td><td rowspan="4">—</td><td rowspan="4">—</td></tr>
<tr><td>楼梯</td></tr>
<tr><td>坡道</td></tr>
<tr><td>电梯</td></tr>
</table>

续表

无障碍设计具体部位			无障碍通行设施（盲道、扶手、轮椅坡道等）	无障碍服务设施（无障碍卫生间、轮椅席位等）	无障碍信息交流设施（智能灯、门铃等）
建筑	生活用房	居室	▲	▲	—
		休息室			
		单元起居厅			
		餐厅			
		卫生间			
		盥洗室			
		浴室			
	文娱与健身用房	文娱活动用房	▲	▲	■
		健身活动用房			
	康复与医疗用房	康复室	▲	▲	■
		医务室及其他医疗服务用房			
	管理服务用房	入住登记室、接待室等部分用房	▲	▲	▲

注：表中▲为应设置；⊙为宜设置；■为可设置；—为不设置。

养老设施建筑中供老年人使用的场地及用房的无障碍设计至关重要，以确保老年人的安全和舒适。以下是针对这些区域进行无障碍设计的详细指导。

（1）公共走道与门的无障碍设计

① 公共走道通行净宽：为了确保轮椅和助行器的顺畅通行，公共走道的通行净宽不应小于 1.80m。在改造现有建筑时，如果确实存在困难，可以参考相关的建筑设计规范（如 4.1.2 节）进行适当的调整。

② 门的无障碍设计。

a. 单扇门的开启后净宽：进入室内的门在单扇开启后，净宽不得小于 0.9m。在改建过程中，如果条件受限，净宽要求可放宽至 0.8m。

b. 轮椅回转空间：在门的两侧应留有足够的空间，以供轮椅进行回转。一般而言，这个空间应至少有一个 1.5m 直径的圆形区域（图 7-7）。

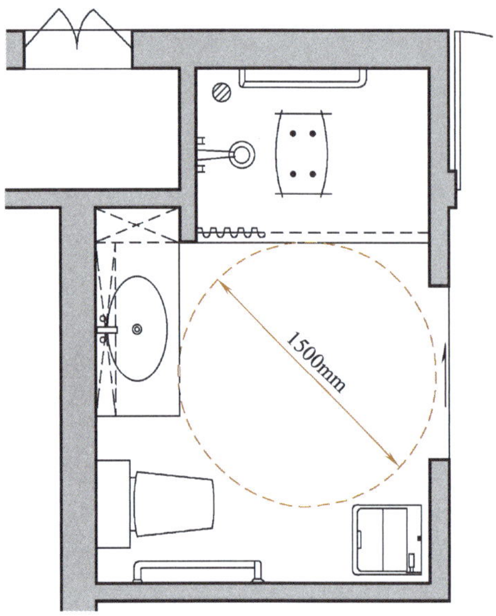

图 7-7 轮椅回转空间示例（国投健康盐城长者公寓项目）

（2）室内交通空间的无障碍设计

当地面存在高差时，为了保障老年人的安全通行，应采取以下无障碍设计措施：

① 轮椅坡道：使用坡度不大于 1/12 的轮椅坡道来连接不同高度的地面。这种坡道设计能够确保老年人在使用轮椅时平稳、安全。

② 无障碍台阶：当高差大于 0.10m 时，除了设置轮椅坡道外，还应同时设置无障碍台阶，以确保其稳定性和安全性（图 7-8）。

此外，在进行无障碍设计时，还需要注意以下几点。

① 地面材料选择：应选择防滑、耐磨、易清洁的地面材料，以确保老年人的行走安全。

② 照明设计：提供充足的照明，减少老年人的视觉障碍，降低摔倒的风险。

③ 标识系统：设置清晰、易懂的标识系统，帮助老年人快速识别方向，找到目的地。

④ 家具和设施：家具和设施的设计应考虑到老年人的身体特点和使用习惯，如选择低矮的家具、设置扶手等。

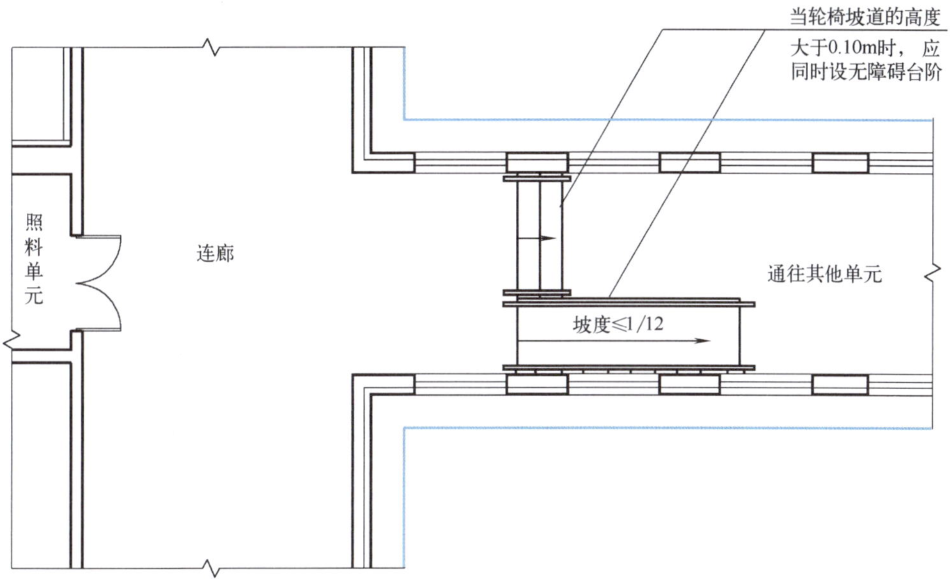

图 7-8　室内轮椅坡道示意图（图片来源:《老年人照料设施建筑设计标准》）

考虑到老年人身体机能衰退的情况，交通空间的主要位置（如公共走廊、楼梯间等）两侧需要设置连续扶手（图 7-9）。

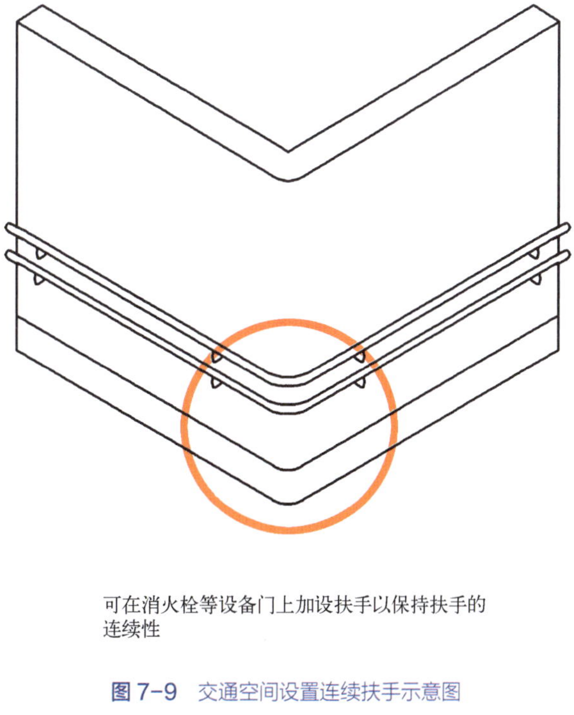

图 7-9　交通空间设置连续扶手示意图

总之，无障碍设计是养老建筑设施中不可或缺的一部分。通过合理设计和实施，可以确保老年人在使用这些设施时能够享受到安全、舒适和便利。

7.2.2 紧急救护

在老年人居住环境中，紧急救护设施的设计至关重要。以下是关于门及其相关设施的一些具体要求和措施。

（1）门的开启方式

老年人的居室门、居室卫生间门、公用卫生间厕位门、盥洗室门、浴室门等，应当选用内外均可开启的锁具设计。这一设计是为了确保在紧急情况下，老年人或外部救助人员能够迅速从内或外打开门锁，以便及时进行紧急救护（图 7-10）。

（2）方便使用的把手

上述提到的各种门，其把手设计应考虑到老年人的使用便利性和舒适性。把手的形状、尺寸和材质应适合老年人的手部力量，以便他们能够轻松、稳定地开启和关闭门（图 7-10）。

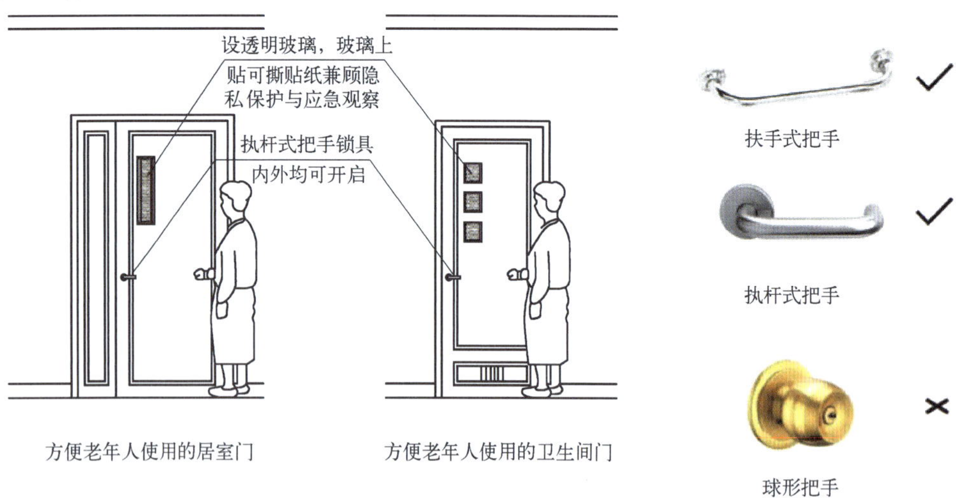

图 7-10　门上装置及门把手示意图（图片来源：《老年人照料设施建筑设计标准》）

（3）应急观察装置

门的设计中，应考虑到紧急救护时可能需要的观察需求。因此，建议在门上设置应急观察装置，如小窗户或透明材质的部分，以便在紧急情况下，外部人员能够观察到室内老年人的状况，从而做出及时、准确的判断和处理。

这样的设计不仅体现了对老年人生活便利性的关注，更重要的是在紧急情况下，能够确保老年人得到及时、有效的救助，降低意外风险（图 7-11）。

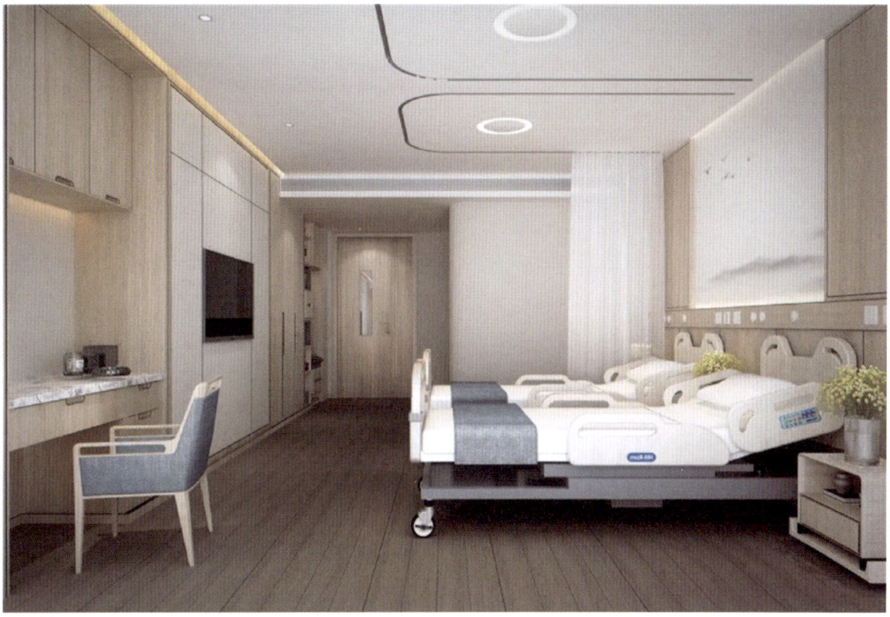

图 7-11　应急观察门示例

7.2.3　安全防护

在老年人用房的设计中，安全性是首要考虑的因素。以下是一些关于安全防护的具体要求和措施。

（1）突出物的防护措施

厅、廊、房间等区域，如果设置了休息座椅或休息区，这些区域附近的突出物（如管道设施、挂放的物件等）应当采取防刮碰的保护措施。这些保护措施包括使用软质材料包裹突出物的边角，或者在突出物周围设置适当的防护栏或挡板，以防止老年人在活动时不慎碰撞到这些突出物而受伤。

（2）开敞式阳台的防坠落措施

开敞式阳台和上人平台必须采取防坠落措施，以确保老年人的安全。这些防坠落措施可以包括安装坚固的栏杆和栏板，并确保其高度和强度符合相关安全标准。栏杆和栏板的设计应考虑到老年人的生理特点，避免使用过于尖锐或复杂的形状，以免对老年人造成不必要的伤害。在开敞式阳台和上人平台的栏杆、栏板下方，距地面 0.35m 高度范围内不宜留空。这是因为这个高度范围内的空间是老年人容易触及的区域，如果留空则可能增加老年人跌倒或坠落的风险。因此，在这个高度范围内应使用实心材料或安装防护网等，以确保老年人的安全。

综上所述，老年人用房的安全防护设计应全面考虑老年人的生理特点和活动需求，采取适当的防护措施，确保老年人在使用过程中的安全。

7.2.4 卫生防护

老年人照料设施设计需注重卫生条件，确保空间布局有利于防止传染病传播。建筑间距应不少于 12m，以满足卫生标准，为老年人营造安全、健康的居住环境。

（1）缩小组团规模以提升隔离效率

鉴于当前许多老年人照料设施规模较大，在疫情等紧急情况下，交叉感染的风险较高。因此，建议将设施划分为更小规模的组团，以便在需要时能够迅速封闭部分组团，从而缩减隔离区域面积，提高隔离效果，同时降低管理成本。

（2）强化防火隔断以确保安全

为确保老年人安全，建议在各组团之间设置防火门，形成有效的防火隔断。这样不仅可以防止火灾蔓延，还能在疫情等突发情况下，作为隔离屏障，阻断病毒传播。

（3）优化电梯布局以区分洁污流线

为避免洁污流线交叉，建议将电梯分为两组，分别作为主交通核和副交通核。主交通核电梯用于健康老人乘坐和物资运输，而副交通核电梯则专供生病老人使用。对于小规模组团，还应设置独立的电梯，以方便日常使用及隔离期间的物资运输。

（4）医养结合设施的独立隔离设计

对于医养结合型设施，应确保医疗和养老区域有明确的隔离措施。例如，设置独立的出入口、连廊的次入口等，以便在疫情期间实现医疗与养老的隔离。同时，应合理调整布局和设施，确保两者互不干扰。

（5）建筑主入口的智能化与分流设计

建议建筑主入口采用自动门，以减少老年人接触门把手的次数，降低交叉感染风险。同时，应设置访客入口和老年人入口，实现内外交通的分流。门斗和服务台结合设置，提供临时休息和接待空间，便于管理和控制人员进出。

（6）入口附近设置洗手消毒设施

在主入口附近设置洗手池，引导来访者进行洗手消毒。洗手池的位置应明显且便于使用，以便来访者能够注意到并进行相关操作。这样有助于减少病毒传播的风险。

（7）优化流线设计以提升防疫效果

在走道中设置两道临时的隔离门，划分出缓冲区、半污染区。这种设计可以确保物品在传递过程中不会污染清洁区。同时，对隔离空间进行气流负压处理，设置排风与消毒设备，避免污染空气流入清洁区。

（8）灵活便捷的隔离门设计

隔离门的设计应满足成本低、灵活性强、疏散及时、稳而不沉、保护隐私、便于观察、易拆易装、收纳便利等要求。这种设计可以在疫情期间或其他需要隔离分区的突发状况下迅速实现并满足隔离需求。

通过以上措施，老年人照料设施可以在保证经济性的同时，提高应对疫情和其他突发灾害的能力，确保老年人的生命安全和身体健康。

第8章

养老设施建筑发展趋势

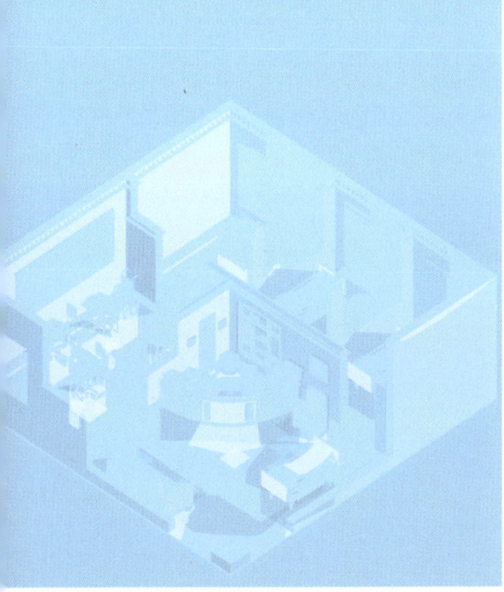

CHAPTER 8

养老设施建筑的发展趋势可以从养老设施建筑的空间发展、养老设施应用技术发展、养老设施的社会关联性三个方面进行梳理。从内容组成来看，建筑空间是所有内容展开的物质基础，应用技术是空间使用中的必要要素，养老设施与社会的关联性是人本主义的最终归宿。

8.1 养老设施建筑空间发展趋势

8.1.1 空间类型的“多元化”

随着社会养老需求的增加、养老理念的发展，养老设施建筑的空间类型日益增多。过去中国的养老设施为了便于运营管理以及有利于控制成本，往往存在孤立于城市、与社会脱节的问题，对养老设施的理解更重视其居住性，所以养老设施建筑的空间基本由居住单元、护理单元和餐饮等辅助空间组成。随着社会的发展，养老设施建筑空间设置也有一定的进步，增设了生活娱乐、康复保健等配套服务。当下，随着养老理念的进一步发展，养老设施不但要解决老年人吃住的问题，还要为其提供丰富的精神慰藉，为老年人生活增添趣味性及活力。因此，新时代养老设施的设计应为老年人提供活力社交、生活照料、专业护理、康复医疗等全方面的生活支持，旨在建立一种去机构化的、社区导向的、全面可持续的温馨家园。

为了满足以上需求，新的养老服务设施大多会为老年人提供具有更多选择的居住单元模式，有的养老设施针对不同类型老年人，可提供单人间、双人间、一居室、两居室，同时每种户型根据功能和规模又提供不同配置选择，以满足老年人不同情况的居住需求。另外，针对老年人健康问题，更多“医养结合”或者周边配备医疗服务设施的养老设施涌现出来，切实为老年人健康问题保驾护航。此外，公共生活配套和文化娱乐设施等功能也更加完善，包括食堂、茶室、棋牌室、影音室、阅览室、种植区、健身房和老年大学等丰富多样的老年人活动场所。在养老设施的室内设计中，更多开放共享的空间被采用，活动空间不再是一间间固有的房间，真正做到空间更丰富更灵活，有利于老年人之间的交流与互动。

8.1.2 空间环境营造与情感关怀

（1）养老设施环境“家庭化”

老年人从家进入养老设施内居住，经常会出现对新的空间环境不适应的现象，这种陌生感的出现会使老年人产生抵触心理，不合群或者抵触护理人员，萌生“逃避”“回家”的想法。特别是患有一定认知障碍的老人，他们的记忆往往停留在过去某个时段，对当下生活更容易产生抗拒心理。因此，养老设施逐渐开始采用“家庭化”的营建模式，在空间环境的装饰方面应当减少固化模式，允许老年人自主布置居室空间，摆放自己较为熟悉的物品，以此来营造居家场景，增强老年人在养老设施中的归属感。比如北京首开寸草养老护理院望京院区打造了常见的生活场景（图 8-1、图 8-2），有的养老院还设置缝纫区，让老年人展示和学习交流缝纫技术，给入住的老年人营造一种亲切的环境。另外在空间氛围营造上注重室内色彩、材质等因素，多选用一些暖色或者柔和的色彩，通过一些老物品的点缀来烘托出局部或者整体的宜人的空间感。这些家庭化的场景和空间布置不仅满足了老年人日常生活的需求，更是从更高的心理层面来满足老年人内心的需求，增强老年人对于设施由内而外的归属感。

图 8-1　养老护理院“供销社”场景营造（图片来源：首开寸草养老院）

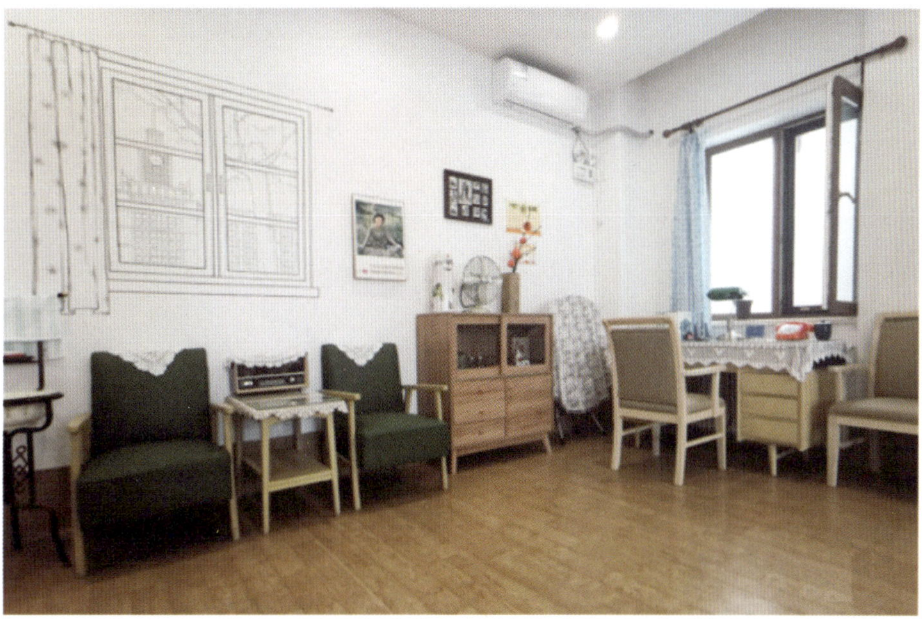

图 8-2　养老护理院“老家”场景营造（图片来源：首开寸草养老院）

（2）老年人社交距离的有效把握

一般社交距离是指 1.3 ～ 3.75m，在这个范围内人们可以正常交流，而老年人之间的交谈距离为 1 ～ 3m。由于老年人的视觉功能退化，过远的距离会对老年人之间的交流产生影响。有很多老年人觉得人多的大空间比较嘈杂，过于集约化的空间导致不同身体状况的老年人聚集、行为活动相互干扰、活动空间互斥，易引发老年人的不满情绪，反而降低了对老年人活动的积极引导。因此在公共空间的设计中除了大面积集中的中心活动场所外，也需要考虑小尺度的空间供老年人安静地聊天。具体在空间设计手法上，可以采用面状、带状、散点状空间，也可以综合设置为多种形态共同构成的组合式，既要考虑复合大空间的积极应用，也要考虑私密空间的合理设置。

养老设施内将公共活动空间划分为更小的尺度分散在各个组团内，老年人根据需求自主选择空间活动，这种布局既提高了空间转化率和使用效率，又缩短了老年人从居室到达公共活动空间的距离，使老年人更便捷、主动地到公共活动空间中进行活动。同时由于活动区面积的缩小，共同使用的老年人数量减少，老年人的私密性得到了一定的满足，更有利于促进不同群体之间的交流互动。

（3）空间"认知友好化"与"艺术化"

人是通过感官体验来感知周围环境的，对于出现认知障碍的老年人，日常的环境是"苍白"的，于是越来越多"认知友好化"设计被应用于实践。在此以国投健康长者公寓中的多感官环境活动室为例进行介绍。国投健康长者公寓多感官环境活动室虽是针对老年人群中失智症患者设计的康复训练场所，但也是老年人养老设施环境营造与情感关怀"人性化"设计的典型实例。通过对老年人喜好和年代特征的全面研究，结合怀旧、益智、认知及艺术等训练，将智能化气味播放器、红外触控、沉浸投影、互动灯光等科技应用于空间环境中，设置了五感墙（图 8-3、图 8-4）、乐高墙、沉浸互动投影墙、时间角、

图 8-3　北京国投健康长者公寓五感墙之一

图 8-4　北京国投健康长者公寓五感墙之二

情感角、自然角等 6 类主题区域，能够提供视觉、听觉、嗅觉、触觉四类感官刺激。不需要老年人过度思考、理解或运用语言沟通，便可以参与有意义的活动，减少老年人的挫败感，从而舒缓老年人的压力及不安情绪，对认知障碍型老年人的身心健康有积极的促进作用。

由此扩展开来，具有疗愈性的各种美学设计被广泛应用于养老设施设计中，不只是单一的外形创造，也是一种契合老年群体视觉观感的塑造与心理安全感的满足。其范围既包含狭义上的视觉图像设计、建筑造型设计、室内装修设计等，也包含广义上的风土人情、文化内涵等内容的美学提炼。以“艺术疗愈”设计策略的方式介入养老设施设计的研究中，其关于“艺术化”的讨论，更是一种人与环境、人与社会、人与文化的关系表达与空间形式的呈现。

8.1.3　场景与设施的“适老化”

老年人感知器官退化，视听等的感知能力下降，视网膜变薄，对光线不够敏感，对微小的事物很难分清，所以老年人使用空间一定要普遍“适老化”，在符合人体工效学的基础上，更要符合老年人身体特征和生活习惯。

在养老设施场地和交通空间设计中如果适老化的程度提高，可以明显提高老年人活动频率和休闲设施的使用率。根据老年人生理机能下降、行动迟缓的特点，场地内应分级规划道路，明确区分人车流线，营造安全舒适的步行环境 。同时，考虑到天气因素，系统规划风雨连廊来串联各栋建筑，满足老年人雨天出行的活动需求。各建筑出入口设置无障碍坡道消解高差；对基地整体地形进行评估，控制道路坡度；尽量减少户外台阶，提升活动舒适度；重视道路、场地环境、配套设施的无障碍联系，建立完整的无障碍系统，营造安全舒适的适老性居住环境。建筑内部也全部实现无障碍通行，从建筑入口到大厅、走廊和电梯厅基本平整，局部缓坡；采用无障碍电梯和楼梯；封闭走廊设置无障碍栏杆扶手，方便轮椅通行；走廊到房间的入户门无高差，门向外开启等。

在卫生间和厨房的设计中，安全是第一位的。地面必须采用防滑且平整的地砖，防止地面湿滑让老年人滑倒。开门空间和使用空间要充足，给轮椅留有回转空间。开门的方式要便捷且无阻碍，门上要留观察窗，并设置从外部可开启的装置。使用台面设计高度要合理，如果服务于使用轮椅的老年人，台面下方可以不设储物柜，方便老年人操作。另外各种洁具和厨具的选择要适应老年人的使用习惯，洁具周围设置适老化辅助设施（图 8-5）。针对老年人采用可下拉的吊柜形式。灶台周围设计防火报警装置，开关插座等设置在合适高度。只有满足老年人使用习惯并符合其身体机能特点，才能真正让空间更加适老化。

图 8-5 卫生间内适老化辅助设施

设计的家具要符合老年人的身体尺度。针对不同的老年人要有不同的设计，满足差异化需求。考虑到老年人待在床上的时间较长，现在老年人用床更加注重使用的舒适性和便捷性，床具的各种升降模式更加有利于老年人起身或有助于卧床老人翻身活动等。另外，因为老年人腿脚不便，起坐困难，坐具在设计时考虑加入助起功能，让便利性和舒适性相结合 。入门处将边柜与换鞋凳结合设计，桌椅尽量设计为圆角，衣柜、边桌等加入可抓握的凹凸设计等，都体现了一体化的人性设计。

养老建筑的导向标识系统也要适合老年人。标识设计对于记忆和识别能力衰退、听力有障碍的老年人来说更加重要，其能有效减少遇险时的慌乱，引导老年人安全疏散。标识设计应简单易懂，能使不同健康程度的老年人都能够方便地识别建筑中的各项功能；

标识应字体醒目、图案清晰简明、色彩柔和温暖，这样更能引起老年人注意，既提升了可识别性，也从心理上营造了温馨感和安全感。

8.2 养老设施应用技术研究的发展趋势

在中国进入中度老龄化阶段的同时，全球范围内出现了以人工智能为核心的技术革命趋势，以养老为实体、以智能化技术为支撑的“智能养老”成为现代养老的代名词。另外，基于老年人丰富的需求，结合养老设施建设本身的技术研究与发展，“绿色化”亦是养老服务产业不可或缺的部分。

8.2.1 智能化

围绕养老设施的建设和老年人的使用，基于 5G 技术、人工智能、物联网等相关技术的发展与普及，智能养老家居空间、智能养老系统（远程医疗系统及日常护理系统）等方面的实践与应用越来越多。近年来，智能防丢手环、智能护理床、智能陪护机器人、智能生命体征监测仪、自助式健康检测设备、智能居家安全感应设备等养老产品不断更新换代，以大数据、云计算、5G 移动互联网技术为依托的智能养老平台系统不断迭代升级，智能养老、数字养老已经为大众广泛接受。“智能化”的同时又必然伴随着“便捷化、安全化”，应当聚焦于建筑使用主体（老年人）在建筑室内外环境中日常生活的安全问题，具体包含救助设施、监护与求助系统、建筑消防安全等内容。

在智能监护方面，运用先进的半导体技术可以方便地通过仪器测出室内温度、湿度、可燃气体含量等指数，随时监测居住环境并反馈到控制中心。智能床垫、智能手环是养老院智能照护系统的重要组成部分，可以监测老年人基本生命体征，包括体温、血压、血氧量、脉搏等，同时还能够检测老年人的睡眠质量，以便对老年人的睡眠状况有更好的了解。管理人员凭借信息化系统终端装置直接获取老年人信息，系统所有数据会实时上传至云平台，通过信息识别与整合，可针对不同的老年人进行个性化建模，准确地给出入住老年人的各项生理指标参数，确保老年人的健康与安全，并为后续就诊提供参考。智能化监护系统项目可简单概括为图 8-6。

另一方面，养老机构可以综合利用各种智能硬件设备、传感器以及后台管理系统（图 8-7），强化机构的管理和运营能力。为了更好地存储和计算数据、提供智能化服务，养老机构可选择将数据上传至智能化服务平台。平台是数据交互的中心，在各传感器测得对应数据后，将基础档案、出入院信息、问诊情况、位置信息、监测数据等传输至平台的数据库存储，可得到老年人的综合信息并能进行分析处理。老年人的家人也可以通过系统对应的应用软件（App）访问系统，得到相应的数据和老年人的健康状况。当数据

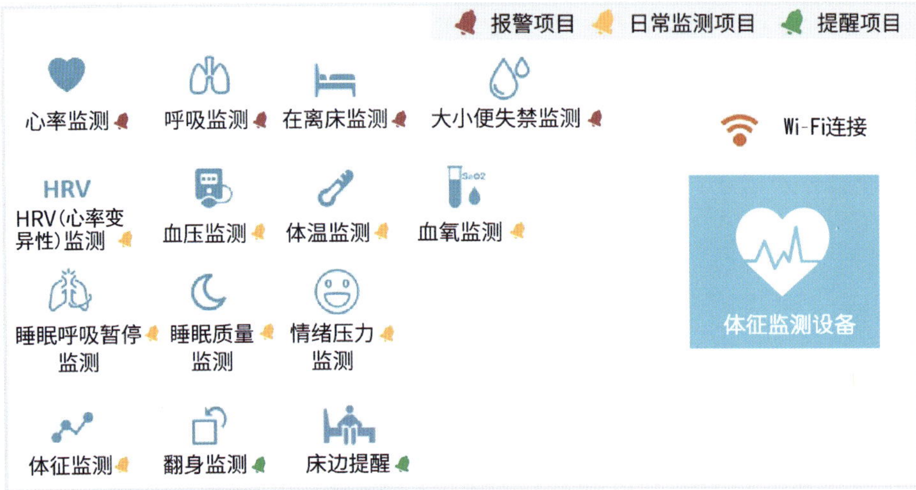

图 8-6　智能化监护系统项目示意图

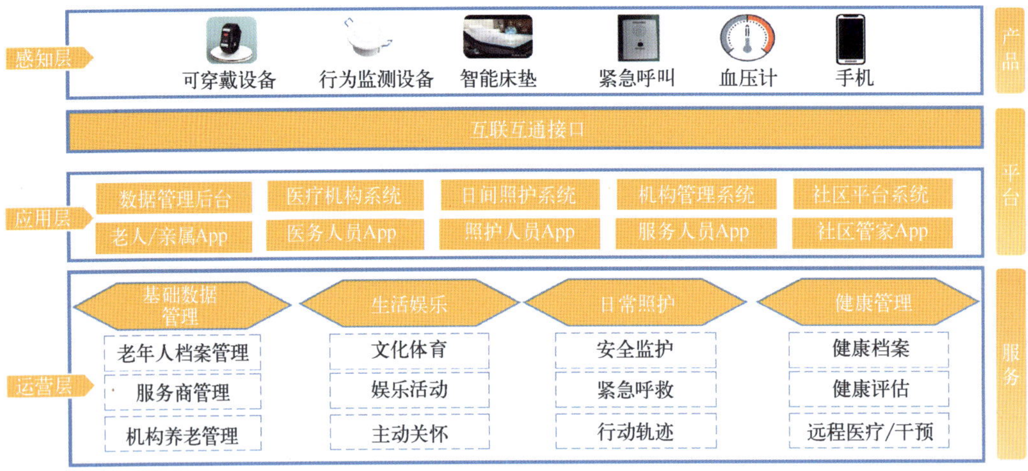

图 8-7　智能化管理运营系统项目示意图

异常时，平台会自动报警反馈给工作人员，提升养老机构管理人员的信息感知能力，并能及时采取相应的紧急处理措施。系统的智能化和信息化在保证数据的安全性和可靠性的同时，实现对老年人更好的看护。此外，平台还可以为老年人提供丰富多样的其他服务类信息。平台通过精选与老年人智能照护服务有关的数据统计信息，为老年人智能照护服务的开展提供各领域的数据调用分析，可以包括金融信息、气象信息、出行信息等，实现了跨领域数据整合。

智能化的设置同时伴随着高效化和便利化，其智能反应时间、灵敏性等需达到相应要求，以求达到真正地为老年人提供便利，最终为人们提供更加便捷、安全、舒适和节能的生活。随着科技的进一步发展，智能化将成为养老设施和养老生活中必不可少的一部分。

从安全保障层面来说，智能化养老服务体系可以在老年人出现异常活动时传递风险信号，及时对风险信号做出反应，并将其迅速传递给服务机构。利用智能安防监测系统时刻关注养老设施内居住环境的火灾异常情况和老年人开关门异常或出入信息异常情况等，通过传感器将探测数据上传到系统平台，一方面系统平台会进行显示，另一方面设备会自动发出报警。智能呼叫装置可以在老年人突发紧急健康和安全情况时，紧急联络护理人员做出应答并进行协助处理。另外还有诸如全智能起居红外感应灯、自动消毒装置、智能门锁系统、智能照明系统等，依赖于自动感应系统（图 8-8），通过智能化的手段为老年人的安全生活提供保障。智能化养老服务体系不仅可以传递信息，更能及时发现老年人的需求，解决可能发生的危险。这大大减少了时间成本、人力成本，在提升养老服务质量的同时将风险降到最低。

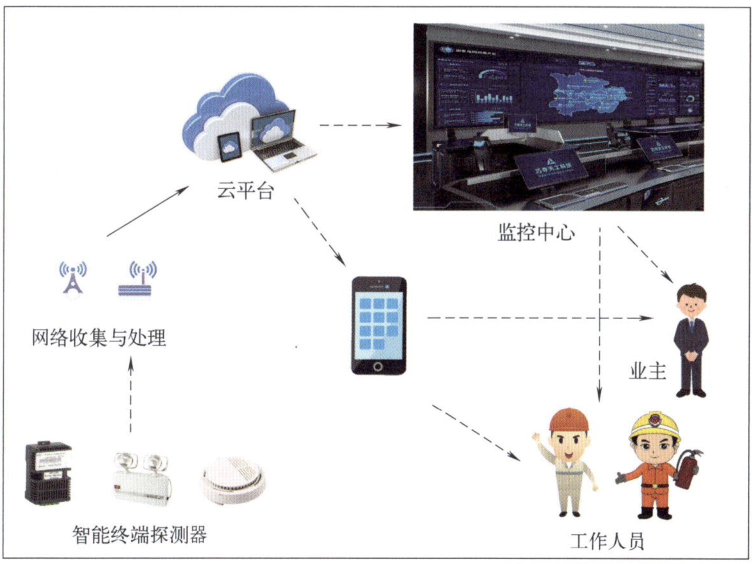

图 8-8　自动感应系统流程图

8.2.2　绿色化

在目前我国养老设施项目的筹备和建设过程中，能够明确提出建设绿色养老建筑这一思路，并且认真落实建成的绿色养老建筑项目的数量屈指可数。但随着社会进一步发展，养老设施一定会朝着“绿色建筑”方向转变。原因如下。

① 绿色低碳符合当下基本国策的号召，是应对能源消耗和建设人居环境的有效途径。

② 养老设施普遍处于微盈利状态，建筑节能关乎生存。一般养老设施的单位能耗较大，超过教育建筑、普通办公建筑、剧院建筑等公共建筑。

③ 绿色化养老设施设计更有利于满足老年人对环境的特殊需求。

随着绿色建筑理念的发展，各类绿色材料的涌现、绿色工艺的高质量发展、可再生能源的利用等，均为养老设施建设绿色化发展提供了支持和保障。例如美国帕萨诺绿色老年社区（图 8-9），是美国首先达到“零碳”标准的、得到美国 LEED（绿色建筑评估体系）认证的老年住宅项目，旨在为老年人创建一个舒适、健康和可持续发展的生活场所。

图 8-9 美国帕萨诺绿色老年社区

（1）做好外围护结构节能设计

养老设施绿色化的实施中，需要注重外围护结构的节能设计。通过进一步强化建筑围护结构的保温隔热设计，优化与完善室内的自然通风情况，借此减少夏季频繁使用空调的现象。

首先，注重外墙节能设计。在具体设计时应根据项目所在的区域气候特点进行综合分析。设计方案需要保证夏季可以起到隔热、通风及降温的基本作用；冬季则要求做到有效的保暖，为老年人提供良好的服务。结合建筑的实际情况，优选节能方案，构建完善的外墙保温系统。积极发挥外墙保温的作用，保持室内热稳定以及结构的耐久性。在幕墙节能设计环节需要根据具体的需求和特点，形成相应的方案，为后续作业的开展提供支持。

其次，做好门窗节能设计。从材料的选择入手，做好有效的控制，通过提升门窗质量，减少能源消耗。门窗在建筑外围护结构系统中占据着重要的地位，同时也是能耗控制的薄弱点，如果缺少有效的绝热隔热能力，室内热环境将受到很大的影响。为了能够实现绿色节能目标，需要做好门窗能耗的控制。构建的门窗系统必须具备保温、隔热、吸热和散热等具体功能。外窗采用金属窗框时，应当于其中进行断桥设计，防止窗框位置形成热桥，造成室内热量的分散。在绿色节能设计方面，严格控制窗墙面积比，按照绿色建筑节能设计相关规范来选择相应的参数。

最后，做好隔热遮阳系统设计。为了能够满足节能的要求，可以采用被动式节能方案。通过构建完善的遮阳系统，实现对太阳辐射的有效遮挡，进而减少运行环节的能源消耗。

（2）自然采光通风

具备较好的建筑朝向，既可以使养老设施在冬季获得更多的日照时数以及充足的太阳辐射得热，又可以有效地利用自然通风来降低夏季和过渡季节的室内温度，从而在提高室内热舒适性的同时有效降低空调和供暖设备产生的能耗。养老设施设计在前期一定要明确思路：在有选择的情况下，优先选择有利于太阳辐射得热、自然通风的良好朝向；在建筑朝向不利或进行既有建筑改造时，应进行合理应对。

在室外风环境方面，养老设施设计时首先宜选址于夏季通风良好且冬季防寒避风的位置，以利于夏季养老设施室内自然通风；在冬季则避开不利的西北风向，建筑迎风面可以选择封闭设计或采取相应挡风措施，尤其建筑主入口空间应避开冬季主导风向，北侧立面尽量减少开窗面积。当养老设施位于建筑密集区时，周边建筑也会在一定程度上影响其室外风环境，设计时根据风影区范围与建筑进深、长度及高度的关系，合理利用风影区的效果，充分分析养老设施的通风和防风需求，形成对养老设施更为有利的风环境。

（3）辐射型地热采暖

随着老年人年龄的不断增长，人体的体温调节功能与新陈代谢速度持续衰退，因此在对养老建筑进行实际设计的过程中，应当充分确保采暖设计的安全性、舒适性。在非集中采暖地区，通常运用空调或者是小型取暖设备取暖，这不仅会使电能大量消耗，而且十分容易造成室内干燥，还会加大漏电等安全风险。辐射型地热采暖技术成熟，造价不高、成本适中，不占空间且无卫生死角，并具有室内地面温度均匀性强的出色特征，是一种舒适性较高的采暖模式，更符合老年人的养生需求。

（4）可再生能源的应用

可再生能源应用技术与建筑设计相结合，能充分利用自然界中未被利用的可再生能源，从根本上减少非可再生能源的浪费。可再生能源应用技术与建筑设计相结合，给现代建筑设计，包括养老设施建设提供了一个新的设计模式及思路。依托新技术的研究与应用，充分考虑太阳能、风能、水资源、生物能等的合理利用，尽可能地让技术手段为养老设施建筑赋能。例如在养老设施的设计中，可以对生活排放废水二次利用，将节约用水的措施和中水二次利用的系统结合在一起，来减少建筑对水资源的消耗。注意雨水收集和水分的循环利用，通过水分的蒸发和吸收来减少城市热岛效应的影响。同时这些技术手段也与多数老年人秉持的节约用水的理念相契合，老年人的接受度也更高。

在此以法国巴黎某绿色化设计集合住宅为例。该住宅采用多种绿色化设计手段与措施，包括高效的外墙保温、屋顶上的太阳能热水器、可控的公寓空气对流设计、雨水回收、绿色屋顶等（图 8-10）。该集合住宅对应不同的街区建筑使用了不同的色彩和立面材料，并在南侧设置阳台，在西侧设置降温走廊。住宅都是双向通风，自然采光也充分。该可持续项目的设计结合主动及被动式技术，旨在成为城市中生态优质住宅的典范。

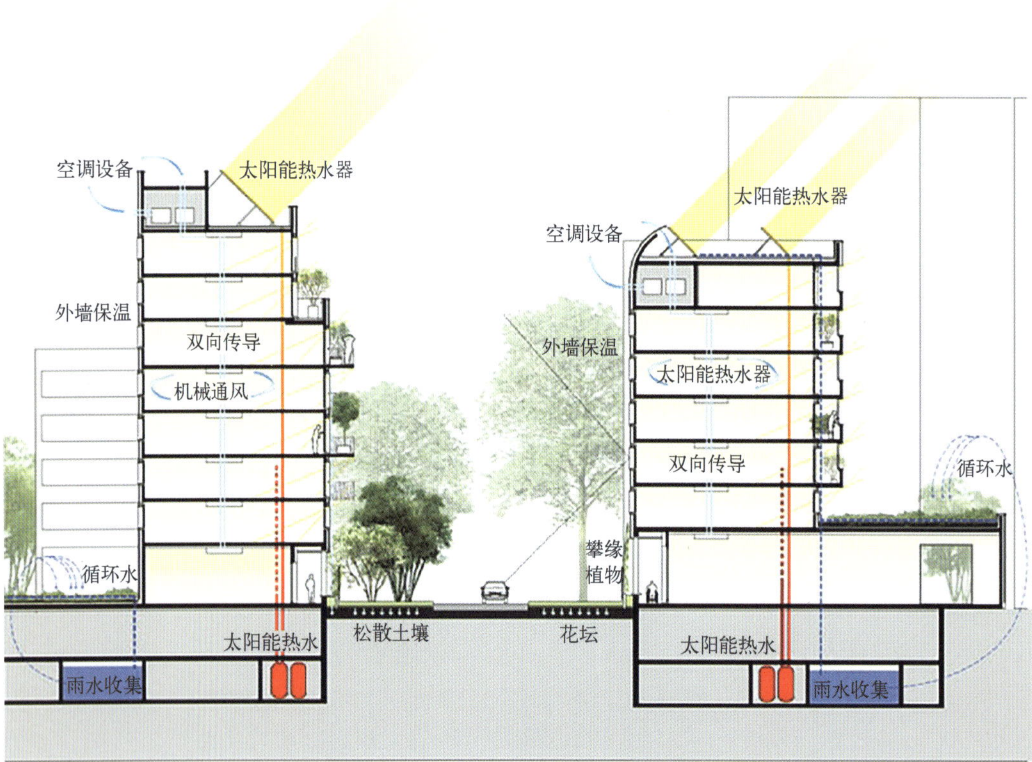

图 8-10　法国巴黎某绿色化设计集合住宅

对于养老设施来说，部分措施在技术先进性和节能效果上虽然没有明显的优势，但是能为老年人提供更高的舒适性，对于老年人群和养老设施运营具有较低的长期能耗和较低的经济投入，因此更容易被广泛接纳，具有重要的现实意义。

8.3 养老设施的社会关联性

8.3.1 与人的关联性

人际互动是人最基本的社会活动，个体与社会互动形成联结，可以使自身充满安全感、归属感、存在感。这也是老年人最基本的社会需求。人际交往和社交互动让老年人更善于表达个人情绪、降低焦虑情绪，更有益于老年人健康。

每个人都喜欢与自己志趣相投的人交往，这是人际交往关系中的相似性定律。相似性包括态度、信念、兴趣、爱好、价值观相似性以及年龄、性别、学历和经历相似性等许多方面，所有这些相似性都能产生吸引力。促进老年人社交首先要激发老年人主动社交的意愿。例如与传统文化、医疗、美食、保健等相关的话题才能够引起老年人的兴趣以及共同参与，当他们和持有相似特征的人交往时，比较容易得到对方的肯定，彼此间发生争辩的可能性较低，容易获得对方的支持，更有安全感。养老设施内通过对入住老年人的基本调查，抓住老年人兴趣点，增加各种活动举办的频率，开展诸如象棋、舞蹈、手工针织等活动的培训、交流、比赛等，加强老年人之间的沟通交往，对老年人身心健康有积极的促进作用。

在与外部人员联系中，与养老产业中的其他外部单位，如老年大学、离退休老干部管理部门、各种老年协会组织、商业组织及志愿者组织等进行沟通合作。通过开展各项活动，达到资源共享、协同促进的作用，丰富老年群体的精神生活。同时也要吸引社会人员参与到养老设施的日常管理与服务中，培育更多能兼职进行养老服务的群体，包括已退休但仍然健康且拥有正常工作能力的中低龄老年人、自由工作者、全职母亲等，并引导义工参与养老服务当中。另外，通过以服务换服务的方式，吸引社会工作者介入养老设施服务工作，加强老年人同社会人员的联系，不与社会脱节。

8.3.2　与周边设施的关联性

养老设施的建设更加注重与居家养老的联系、与社区其他服务设施的联系。综合养老设施周边养老服务要素的资源，在协同共生原则下，协同系统内各服务要素一体化，实现老年人在医疗保健、精神文化、专业护理、生活照顾等多方面需求的全方位满足。

如今越来越多的养老设施让渡共享公共空间予周边设施，意味着将建筑本身的一部分空间向外开放，打破建筑外空间界面与环境之间的隔离，从而互相渗透融合（图 8-11）。许多养老设施基于对老年人活动自由度的支持，开始“不设围墙”，养老设施的部分功能空间与社区居民共享，与社区融合，吸引周边居民进入，与设施内老年人沟通往来。这样使老年人和外部的社会生活联系起来，帮助老年人通过各种形式回归到社区公众生活中。

图 8-11　养老设施开放边界演化图

上海奉贤区老年大学位于奉贤区南桥镇中心，地理位置优越，区位资源得天独厚，但却面对着土地资源紧张、周围公共空间严重匮乏的问题。因此建筑底层架空布置了大型的活动广场，同时运用了很多“灰空间、连廊”的处理手法，有效地模糊了设施与城市之间的空间界面，完成了设施与城市空间共享，使得该空间既是老年人之间进行社交活动的场所，又是承载城市活动的空间，体现了空间的双重属性（图 8-12、图 8-13）。

图 8-12　上海奉贤区老年大学开放的中庭之一

图 8-13　上海奉贤区老年大学开放的中庭之二

养老设施与其他社区公共服务设施的共生状态被更广泛地接受。综合性的养老服务设施可以借助其他设施的服务功能以补充养老服务设施的服务功能，满足老年人多元化的养老需求，使得老年人维持积极养老的生活状态。以社区公共教育服务设施为例，幼儿园是最为常见且社区普遍具有的公共教育服务设施。为了更好地应对社会现状，从缓解矛盾、满足当下需求的角度出发，将综合养老服务设施与社区公共教育服务设施特别是青少年教育设施相结合，可以激发老年人的活力。这种将养老设施与公共教育服务设施融合的模式得到了实践的验证，也越来越被社会认可。

位于日本池袋综合交通枢纽附近的奥利纳斯养老服务设施项目将社区养老服务设施与幼儿园集约于一处场地合建，共享场地内的空间环境资源（图 8-14）。该综合服务设施一层为幼儿园和食堂，二至二十二层依次设置特别看护养老院、小型残疾人疗养中心、日托中心、一般看护养老院、租赁式老年公寓等。经过十几年的运营，这一互补式的运营模式在价值实现和用户心理的护理上，都得到了很大的认可。站在阳台上看下面的孩子玩耍，已经成为住在上层的老年人每天必做的事情。老年人虽并未直接参与到空间活动中，但这种间接参与的空间互动体现出时空上的代际共融。国内在养老设施与其他社区公共服务设施的共生方面也做了很多尝试，比如陕西安康的博元养老中心与幼儿园项目。

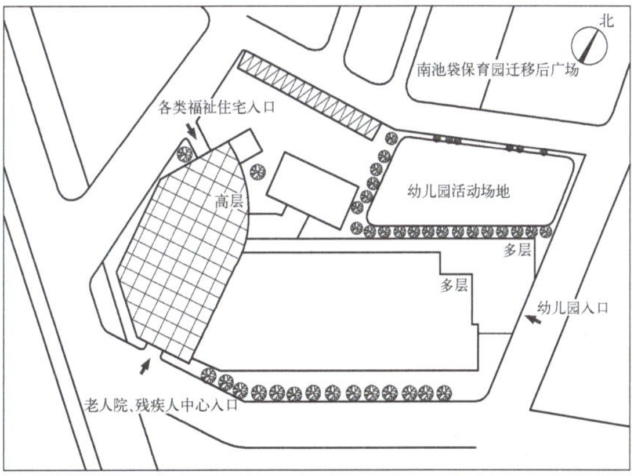

图 8-14 日本奥利纳斯养老服务设施总平面图

除此以外，还需要充分考虑机构养老设施与周边公共服务设施的借用关系，满足老年人多样的生活需求，提高其生活品质，临近医疗设施、文化设施、体育设施、公园绿地布置：与大型医疗设施之间形成医疗救助圈；与文化设施、体育设施、公园绿地之间形成休闲娱乐圈。以北京市海淀区首开寸草西钓鱼台养老服务中心为例，该项目位于北京市海淀区西八里庄街道恩济花园小区内，由老建筑改造而来，建筑面积约 3500m^2，建筑共 3 层，为社区提供 82 张养老服务床位，属于小型养老设施。该养老服务中心的设置与策划完全体现出养老服务设施与周边服务设施在服务资源协同层面的统筹性与整体性。在医疗服务方面，该养老中心 1km 辐射圈内有北京大学肿瘤医院等三所公立医院，其中距离最近的北京大学肿瘤医院直线距离仅 170m。在休闲娱乐方面，其 1km 辐射圈内有玲珑公园、定慧公园、八里庄公园等三个大型公园；10min 步行范围内也有多处社区活动广场。基于周边设施配备完善，该养老设施可以综合利用其优势，通过加强联系，整合区域服务设施资源，优化设施功能的配置。

8.3.3 与环境的关联性

为营造良好的老年人生活环境，设计时坚持人文设计原则，合理运用与自然融合互动的空间设计手法，通过建筑室内外空间相互联系与模糊来体现空间的丰富度和延展性。老年人有更强烈的亲近自然的诉求，与自然融合的设计有利于老年人的身心健康。

（1）室内环境的改善与延展

由于生理功能的衰退，老年人的听觉功能、视觉功能、热舒适感受和调节能力与年轻人存在差异。为此，针对老年人的室内声、光、热环境设计均需要考虑其需求的特殊性，创造安全舒适的适老化建筑室内物理环境。

老年人对自然采光和通风的要求更高，相比于照明系统和空调系统，利用外窗或天窗进行自然采光通风的多样化措施更符合老年人心理需求，微风和煦、光线明快活泼的环境更利于优化老年人的心理感受。例如北京首厚·大家养老机构的中庭设计，设置屋顶采光，斑驳的光影搭配绿植，使空间显得更活泼怡人（图 8-15）。因此在设计室内光环

图 8-15 中庭自然采光（北京首厚·大家养老机构）

境的过程中，可采取侧窗、天窗、中庭等设计要素改善天然采光效果。受形体条件限制时，亦可通过利用导光筒等设施引导自然光进入室内。通过设置可调节遮阳措施，在冬季增加阳光直照，夏季减少室内眩光。合理布局和设置可开启外窗，促进夏季的通风降温，也可改善室内热环境和空气品质。同时，考虑到老年人对风的敏感度存在差异，还可通过采取调节换气量的措施，实现对通风量的调整和控制，以满足不同老年人的需求。

为了让室外的景色融入室内，营造出舒适的氛围，养老设施在设计时更多地采用连廊、中庭、落地窗等，使得室外环境在室内有所延续。室内室外相联系的方式，让人们在室内也能领略到室外的自然美景。有的养老设施会在室内开辟种植角、无土栽培区，或在公共区域增加绿植的使用，这既符合绿色设计的理念，利于室内空气新鲜，也能够让房间充满自然化的元素。老年人在日常生活中也能随时随地感受到大自然，能极大程度地提升人们的精神境界。

（2）室外自然环境

自然环境的刺激利于激发老年人的积极感受，减轻精神压力，是影响其情绪变化的重要因素。因此，养老设施需要为老年人营造良好的自然景观，让老年人可以根据自己的作息与喜好亲近自然，获得丰富、积极的五感刺激。

在养老设施的设计中，越来越多地通过灰空间、架空层、出入口、连廊等有效的设计手段，在营造优质的室外环境的同时完善与优化养老建筑室内生态环境，实现生态效益最大化，为老年人提供休闲娱乐放松的环境，满足其多样化需求。例如，屋顶绿化的设计可以降低建筑能耗、节约运营成本，在调节局部气候的同时为老年人提供休闲场所，达到精神上的疗愈效果（图 8-16）。

图 8-16　养老设施屋顶花园（广州国投悦康养老项目）

老年人对户外景观的认知度较高，老年人能否自发性地进行户外活动与自然景观是否丰富有关系。无论是绿色带来的静谧，还是五彩花朵给予的热烈烂漫，都有利于老年人的心理健康。花朵香甜、绿草青涩，不同植物散发出的气味也有不同的疗效，可以缓解老年人生理上以及心理上的不适。因此，在养老设施室外场地内运用花卉、低矮灌木、乔木及草地相搭配的植物群落配置方式，在造景的同时为老年群体提供荫蔽凉快的场所，既营造了静谧安全的场所，还能更好地利用自然景观带来的心理安抚和疗愈效应。有条件的还可以种植蔬菜、水果，亲身体验果实收获时的快乐，品尝自己的劳动果实，无疑提升了老年人的参与感，也能使老年人在与大自然的亲密接触中达到锻炼身体的效果。水景一向是我国造景艺术中不可或缺的手法，小池塘、小瀑布等都可以满足人们的亲水需求。可以结合雨水回收技术或者中水处理技术，打造小规模水生态，让潺潺的水声消除紧张不安与焦虑等负面情绪，让老年人感受到身处大自然的美好。

一些康养型养老设施，直接选址在自然景观丰富的郊区或山野，不是为养老设施设计自然环境，而是直接将养老设施置于大自然中，充分利用天然氧吧与自然风光。观颐之家杭州颐养中心位于杭州市拱墅区，北侧有虎山公园，西侧紧邻游龙港景观公园（图 8-17）。从建筑选址来看，该颐养中心具备良好的自然景观资源及生态环境，有利于老年人的身心健康，一定程度上提高了老年人外出活动的积极性。在景观塑造上，其通过制造小空间、类家庭化的形式给老年人带来家庭感受，满足老年人进行社交活动、人际交往的心理需求；以建筑围合宅间绿地，形成户外活动区，使室内外空间相互渗透融合，提高室内空间质量，激发老年人活动积极性；形成内庭院、下沉广场、屋顶花园等多层次多形式的开放、私密、半私密空间，满足老年人休息、交流及娱乐休闲的需求（图 8-18）。

图 8-17 养老设施依山而建（观颐之家杭州颐养中心）

图 8-18　养老设施中丰富的庭院景观（观颐之家杭州颐养中心）

参考文献

[1] 赵斌．内外养老建筑研究进展与发展趋势研究（2000—2023 年）[J]. 中外建筑，2023（10）:16-24.

[2] 贾敏．发展“绿色”老年建筑有助于应对未富先老国情 [J]. 城市住宅，2015（08）：19-23.

[3] 周燕珉．养老设施建筑设计详解 [M]. 北京：中国建筑工业出版社，2018.

[4] 周燕珉，陈瑜．养老设施空间设计的实践经验总结 [J]. 建筑学报，2019（02）：42.

[5] 周燕珉，李佳婧．失智老人护理机构疗愈性空间环境设计研究 [J]. 建筑学报，2018（02）：67-73.

[6] 中国中元国际工程有限公司．建筑设计资料集：第 6 分册　体育・医疗・福利 [M]. 3 版．北京：中国建筑工业出版社，2017.

[7] 周燕珉，程晓青，林菊英，等．老年住宅 [M]. 3 版．北京：中国建筑工业出版社，2023.

[8] 中华人民共和国住房和城乡建设部．建筑设计防火规范：GB 50016—2014 [S]. 北京：中国计划出版社，2018.

[9] 中华人民共和国住房和城乡建设部．老年人照料设施建筑设计标准：JGJ 450—2018 [S]. 北京：中国建筑工业出版社，2018.